广东省国家重点保护野生植物（林业部分）

主编 胡喻华 梁晓东 查钱慧

SPM 南方传媒
广东省地图出版社
·广 州·

图书在版编目（CIP）数据

广东省国家重点保护野生植物. 林业部分 / 胡喻华，梁晓东，查钱慧主编. — 广州：广东省地图出版社，2024.12. — ISBN 978-7-80721-921-7

Ⅰ. Q948.565

中国国家版本馆CIP数据核字第2024438JK0号

策划编辑：杨　芳
责任编辑：蒋美秀　杨　芳
责任校对：陶雪红　黄绮玲

广东省国家重点保护野生植物 . 林业部分
Guangdong Sheng Guojia Zhongdian Baohu Yesheng Zhiwu Linye Bufen
主编　胡喻华　梁晓东　查钱慧

出版人	李希希		
出　版	广东省地图出版社	电　话	020-87699191
地　址	广州市水荫路35号（510075）	印　刷	珠海市豪迈实业有限公司
发　行	广东省地图出版社	字　数	120千字
开　本	889毫米×1194毫米　1/32	版　次	2024年12月第1版
印　张	5.75	印　次	2025年6月第2次印刷
书　号	ISBN 978-7-80721-921-7	定　价	148.00元

本书编委会

主　编：胡喻华　梁晓东　查钱慧
副主编：钟小山　魏安世　陈晓军
编　委：（按姓氏笔画排序）

王　龙　王　姣　王瑞江　尹志伟　邓诗泉
叶华谷　刘曼红　严岳鸿　李远球　李爱英
吴林芳　何春梅　余松柏　邹　滨　陈敏霞
陈皓天　胡光万　钟平生　钟智明　郭亚男
唐光大　董仕勇　喻勋林　翟俊文　黎颖卿

冬凤兰

前言

广东省地处我国大陆南端，北倚南岭，南临南海。境内地貌复杂多样，山脉纵横交错，水热条件优越，野生植物资源极为丰富。据统计，广东省分布着6864种野生高等植物，其中苔藓植物865种、石松类和蕨类植物642种、裸子植物35种、被子植物5322种，数量在全国位居前列。这些植物中，珍稀濒危或特有种类不在少数，它们不仅是重要的自然资源，更是珍贵的基因库，为广东省的可持续发展提供着关键支撑。

依据国家林业和草原局、农业农村部2021年9月公布的《国家重点保护野生植物名录》，广东省拥有161种国家重点保护野生植物，其中国家一级10种，国家二级151种，占全国国家重点保护野生植物种类总数的14.6%。在这些植物中，由林业部门主管的有110种，包含仙湖苏铁、水松、南方红豆杉、广东兜兰、紫纹兜兰、杜鹃红山茶等9种国家一级重点保护野生植物，以及白豆杉、厚叶木莲、杜鹃兰、八角莲、光叶红豆、紫荆木等101种国家二级重点保护野生植物。

为进一步强化对国家重点保护野生植物的保护，我们系统整理了广东省国家重点保护野生植物相关文献与调查数据，并开展了专题补充调查。在此基础上，编制完成了广东省由林业部门主管的110种国家重点保护野生植物图鉴。图鉴涵盖36科78属，对每种植物均列出其中文名、学名、科属、保护等级、濒危等级、识别特征、省内分布、生境及就地保护状况等信息，同时尽可能呈现花、果等特征照片，以便于大家研究、使用、鉴别。

本书科属系统的编排，主要采用基于分子数据构建的现代主流分类系统。其中，苔藓植物主要依据Frey（2009）系统，石松类和蕨类植物主要依据广义蕨类植物PPG I（Pteridophyte Phylogeny Group I）分类系统（PPG I，2016），裸子植物依据Yang等（2022）系统，被子植物主要依据被子植物分类系统第四版（Angiosperm Phylogeny Group IV）（APG IV，2016）。物种的学名参照《中国生物物种名录2024版》。濒危等级采用世界自然保护联盟（International Union for Conservation of Nature，简称IUCN）以及2023年5月18日生态环境部、中国科学院发布的《中国生物多样性红色名录——高等植物卷（2020）》（简称《中国生物多样性红色名录》）、《广东高等植物红色名录》（2022年版）的物种濒危等级；CITES附录参考《濒危野生动植物种国际贸易公约》2024中文版。物种的省内分布信息则主要查询《广东植物志》《广东省高等植物多样性编目和分布数据集》，同时参考了历次全国重点保护野生植物资源调查成果以及近几年的补充调查结果。

本书濒危等级简写说明

NE：Not Evaluated 未评估
DD：Data Deficient 缺乏数据
LC：Least Concern 无危物种
NT：Near Threatened 近危物种
VU：Vulnerable 易危物种
EN：Endangered 濒危物种
CR：Critically Endangered 极危物种
RE：Regionally Extinct 地区灭绝
EW：Extinct in the Wild 野外灭绝物种
EX：Extinct 已灭绝

目 录

苔藓植物
Bryophytes

石松类植物
Lycophytes

蕨类植物
Ferns

裸子植物
Gymnosperms

被子植物
Angiosperms

苔藓植物

Bryophytes

桧叶白发藓

Leucobryum juniperoideum (Brid.) Müll. Hal.

科属：白发藓科白发藓属

保护等级：国家二级

濒危等级：NE（IUCN）、LC（《中国生物多样性红色名录》）、VU（《广东高等植物红色名录》）

CITES附录：未收录

识别特征：草本，丛生。茎单一或分枝。叶群集，干时紧贴，湿时直立展出或略弯曲，呈披针形或近筒状，先端兜形或具细尖头；中肋平滑。

省内分布

韶关（仁化、乳源）、清远（英德、阳山）等地。

生境

阔叶林内树干和石壁上。

就地保护状况

南岭国家级自然保护区、丹霞山国家级自然保护区均有分布。

石松类植物

Lycophytes

昆明石杉

***Huperzia kunmingensis* Ching**

科属：石松科石杉属

保护等级：国家二级

濒危等级：NE（IUCN）、DD（《中国生物多样性红色名录》《广东高等植物红色名录》）

CITES附录：未收录

识别特征：草本，多年生土生植物。茎直立或斜生，枝上部常有芽胞。叶螺旋状排列，狭椭圆状披针形，向基部明显变狭，上部边缘有疏细齿或近全缘，薄草质。孢子叶与不育叶同形；孢子囊生于孢子叶的叶腋，略露出孢子叶外，肾形，黄色。

省内分布

仅见于肇庆（怀集）。

生境

山谷溪边。

就地保护状况

怀集大稠顶省级自然保护区有分布。

南岭石杉

Huperzia nanlingensis **Y. H. Yan & N. Shrestha**

科属：石松科石杉属

保护等级：国家二级

省内分布

仅见于韶关（乳源）。

生境

阔叶林下。

就地保护状况

南岭国家级自然保护区有分布。

濒危等级：NE（IUCN、《中国生物多样性红色名录》）、EN（《广东高等植物红色名录》）

CITES附录：未收录

识别特征：草本，多年生土生植物。茎直立，二叉分枝，基部匍匐，上部呈紫色。叶明显二型：营养叶椭圆状披针形，革质，两面光滑，叶片边缘锯齿形；孢子叶钻形，螺旋状排列，无柄，革质，叶片边缘全缘或浅锯齿形，茎基部孢子叶常宿存。孢子囊生于孢子叶的叶腋，肾形，呈穗状，螺旋排列。

长柄石杉

Huperzia javanica **(Sw.) C. Y. Yang**

别名：蛇足石杉、千层塔

科属：石松科石杉属

保护等级：国家二级

濒危等级：NE（IUCN、《中国生物多样性红色名录》）、VU（《广东高等植物红色名录》）

CITES附录：未收录

识别特征：草本，土生植物。茎直立，等二叉分枝。不育叶疏生，平伸，阔椭圆形至倒披针形，基部明显变窄。孢子叶稀疏，平伸或稍反卷，椭圆形至披针形。

省内分布

本种是广东省石杉属分布最广泛的种类，从中部到北部各县（市、区）均有分布。

生境

林下、路边。

就地保护状况

省内各自然保护地大多有零星分布。

四川石杉

Huperzia sutchueniana **(Herter) Ching**

科属：石松科石杉属

保护等级：国家二级

濒危等级：NE（IUCN、《中国生物多样性红色名录》）、NT（《广东高等植物红色名录》）

CITES附录：未收录

识别特征：草本，多年生土生植物。茎直立或斜生，枝上部常有芽胞。叶螺旋状排列，披针形，通直或镰状弯曲，两面光滑，无光泽，中脉明显，革质。孢子叶与不育叶同形；孢子囊生于孢子叶的叶腋，两端露出，肾形，黄色。

省内分布

韶关（乳源）。

生境

海拔800~1900 m之间的林下或灌丛下湿地、草地或岩石上。

就地保护状况

南岭国家级自然保护区有分布。

华南马尾杉

Phlegmariurus austrosinicus **(Ching) Li Bing Zhang**

科属：石松科马尾杉属

保护等级：国家二级

濒危等级：NE（IUCN、《中国生物多样性红色名录》）、NT（《广东高等植物红色名录》）

CITES附录：未收录

识别特征：草本，中型附生蕨类。茎簇生，成熟枝下垂。叶螺旋状排列；营养叶平展或斜向上开展，椭圆形，有明显的柄，有光泽，革质，全缘。孢子囊穗顶生；孢子叶椭圆状披针形，基部楔形，先端尖，中脉明显，全缘；孢子囊生于孢子叶的叶腋，肾形，2瓣开裂，黄色。

省内分布

韶关（乳源）、阳江（阳春）、清远（连州、阳山）等地。

生境

海拔700~1900 m之间的林下岩石上。

就地保护状况

南岭国家级自然保护区、阳春鹅凰嶂省级自然保护区均有分布。

省内分布

阳江（阳春）、茂名（信宜）等地。

生境

丘陵密林中石上或树干上。

就地保护状况

阳春鹅凰嶂省级自然保护区有分布。

龙骨马尾杉

Phlegmariurus carinatus **(Desv. ex Poir.) Ching**

科属：石松科马尾杉属

保护等级：国家二级

濒危等级：NE（IUCN）、VU（《中国生物多样性红色名录》）、DD（《广东高等植物红色名录》）

CITES附录：未收录

识别特征：草本，中型附生蕨类。茎簇生，成熟枝下垂，枝连叶绳索状，侧枝不等长。叶螺旋状排列，扭曲呈二列状；营养叶密生，针状，紧贴枝上，强度内弯，中脉不显，坚硬，全缘。孢子囊穗顶生；孢子叶卵形，基部楔形，先端尖锐，具短尖头；孢子囊生于孢子叶的叶腋，肾形，黄色。

福氏马尾杉

Phlegmariurus fordii **(Baker) Ching**

科属：石松科马尾杉属

保护等级：国家二级

濒危等级：NE（IUCN）、LC（《中国生物多样性红色名录》《广东高等植物红色名录》）

CITES附录：未收录

识别特征：草本，中型附生蕨类。茎簇生，成熟枝下垂。叶螺旋状排列，基部扭曲而呈二列状。植株近基部营养叶抱茎，基部圆楔形，中脉明显，革质，全缘。孢子囊穗比不育部分细瘦，顶生；孢子叶披针形或椭圆形，中脉明显，全缘；孢子囊生于孢子叶的叶腋，肾形，2瓣开裂，黄色。

省内分布

深圳、韶关（新丰）、河源（和平、紫金）、梅州（蕉岭、五华）、惠州（惠东、博罗、龙门）等地。

生境

海拔100~1700 m之间的竹林下阴处、山沟阴岩壁、灌木林下岩石上。

就地保护状况

象头山国家级自然保护区、紫金白溪省级自然保护区均有分布。

广东马尾杉

***Phlegmariurus guangdongensis* Ching**

科属：石松科马尾杉属

保护等级：国家二级

濒危等级：NE（IUCN）、VU（《中国生物多样性红色名录》《广东高等植物红色名录》）

CITES附录：未收录

识别特征：草本，中型附生蕨类。茎簇生，直立而略下垂，枝连叶扁平。叶螺旋状排列，明显为二型；营养叶斜展，阔披针形，基部楔形，无柄，中脉明显，革质，全缘。孢子囊穗顶生，长线形；孢子叶卵状，排列稀疏，先端尖，中脉明显，全缘；孢子囊生于孢子叶的叶腋，肾形，2瓣开裂，黄色。

省内分布

茂名（信宜）、肇庆（封开）、云浮（罗定）等地。

生境

海拔400~1000 m之间的林下树干或岩壁。

就地保护状况

云开山国家级自然保护区有分布。

闽浙马尾杉

***Phlegmariurus mingcheensis* Ching**

科属：石松科马尾杉属

保护等级：国家二级

濒危等级：NE（IUCN）、LC（《中国生物多样性红色名录》《广东高等植物红色名录》）

CITES附录：未收录

识别特征：草本，中型附生蕨类。茎簇生，成熟枝直立或略下垂。叶螺旋状排列；营养叶披针形，草质，全缘。孢子囊穗比不育部分细瘦，顶生；孢子叶披针形，基部楔形，先端尖，中脉不显，全缘；孢子囊生于孢子叶的叶腋，肾形，2瓣开裂，黄色。

省内分布

韶关（乐昌、新丰、乳源）、汕尾（海丰）、肇庆（封开）、清远（阳山）等地。

生境

海拔700~1600 m之间的林下石壁、树干或土生。

就地保护状况

南岭国家级自然保护区有分布。

有柄马尾杉

Phlegmariurus petiolatus (C. B. Clarke) C. Y. Yang

科属：石松科马尾杉属

保护等级：国家二级

濒危等级：NE（IUCN）、DD（《中国生物多样性红色名录》）、LC（《广东高等植物红色名录》）

CITES附录：未收录

识别特征：草本，中型附生蕨类。茎簇生，成熟枝下垂。叶螺旋状排列；营养叶平展或斜向上开展，椭圆状披针形，有明显的柄，有光泽，革质，全缘。孢子囊穗比不育部分略细瘦，顶生；孢子叶椭圆状披针形，排列稀疏，基部楔形，全缘；孢子囊生于孢子叶的叶腋，肾形，2瓣开裂，黄色。

省内分布

韶关（乳源）、清远（英德、连州、阳山）等地。

生境

海拔600~1500 m之间的溪旁、路边、林下的树干或岩石上或土生。

就地保护状况

南岭国家级自然保护区有分布。

马尾杉

***Phlegmariurus phlegmaria* (L.) Holub**

科属：石松科马尾杉属

保护等级：国家二级

濒危等级：NE（IUCN）、VU（《中国生物多样性红色名录》《广东高等植物红色名录》）

CITES附录：未收录

识别特征：草本，中型附生蕨类。茎簇生，柔软下垂，枝连叶扁平。叶螺旋状排列；营养叶斜展，卵状三角形，下延，具明显短柄，革质，全缘。孢子囊穗顶生，长线形；孢子叶卵状，排列稀疏，全缘；孢子囊生于孢子叶的叶腋，肾形，2瓣开裂，黄色。

省内分布

韶关（乳源）、汕尾（海丰）、阳江（阳春）、茂名（信宜）、清远（阳山）等地。

生境

海拔100~1000 m之间的林下树干或岩石上。

就地保护状况

阳春鹅凰嶂省级自然保护区有分布。

蕨类植物

Ferns

福建观音座莲

七指蕨

Helminthostachys zeylanica **(L.) Hook.**

科属：瓶尔小草科七指蕨属

保护等级：国家二级

省内分布

仅见于肇庆（鼎湖）。

生境

湿润疏荫林下。

就地保护状况

鼎湖山国家级自然保护区有分布。

濒危等级：NE（IUCN）、EN（《中国生物多样性红色名录》）、RE（《广东高等植物红色名录》）

CITES附录：未收录

识别特征：草本。根状茎肉质。叶1枚或2枚，薄草质，两片托叶；叶片由营养叶片和直立的孢子囊穗组成。孢子囊穗单生，高出不育叶，直立，孢子囊环生于囊托，形成细长圆柱形。

福建观音座莲

***Angiopteris fokiensis* Hieron.**

科属：合囊蕨科观音座莲属

保护等级：国家二级

濒危等级：NE（IUCN、《中国生物多样性红色名录》）、LC（《广东高等植物红色名录》）

CITES附录：未收录

识别特征：草本。叶片宽卵形，草质，羽片5~7对，互生，奇数羽状；叶缘有规则的浅三角形锯齿。叶脉开展，分叉。叶轴干后淡褐色，光滑，腹部具纵沟。孢子囊长圆形，分布于叶缘。

省内分布

省内广泛分布。

生境

林下溪沟边。

就地保护状况

省内各自然保护地多有分布，种群及个体数量较大，保护状况良好。

金毛狗

***Cibotium barometz* (L.) J. Sm.**

科属：金毛狗科金毛狗属

保护等级：国家二级

省内分布

省内广泛分布。

生境

山麓沟边及林下阴处酸性土上。

就地保护状况

省内各自然保护地多有分布，种群及个体数量较大，保护状况良好。

濒危等级：NE（IUCN）、LC（《中国生物多样性红色名录》《广东高等植物红色名录》）

CITES附录：附录Ⅱ

识别特征：草本。叶丛生，基部有丛垫状的金黄色茸毛，三回羽状分裂，革质或厚纸质。孢子囊群在每一末回能育裂片，生于下部的小脉顶端，囊群盖坚硬，棕褐色，两瓣状，内瓣较外瓣小，成熟时张开如蚌壳，露出孢子；孢子为三角状的四面形，透明。

中华桫椤

***Alsophila costularis* Baker**

科属：桫椤科桫椤属

保护等级：国家二级

濒危等级：NE（IUCN）、LC（《中国生物多样性红色名录》）、VU（《广东高等植物红色名录》）

CITES附录：附录Ⅱ

识别特征：灌木，茎干高达5 m。叶片长圆形，叶柄基部深红棕色；叶三回羽状深裂，叶干后纸质，上面暗绿色，下面淡绿色。不育小羽片的主脉背面常有少数近于泡状的苍白色小鳞片。孢子囊群着生于侧脉分叉处，靠近主脉，囊群盖膜质，成熟时反折如鳞片状覆盖在主肋上，隔丝不及孢子囊长。

省内分布

仅见于茂名（信宜）、云浮（罗定）。

生境

沟谷林中。

就地保护状况

云开山国家级自然保护区有分布。

桫椤

Alsophila spinulosa **(Wall. ex Hook.) R. M. Tryon**

科属：桫椤科桫椤属

保护等级：国家二级

省内分布

省内山区广泛分布。

生境

山地溪旁或疏林中。

就地保护状况

省内各自然保护地多有分布，种群及个体数量较大。

濒危等级：NE（IUCN）、VU（《中国生物多样性红色名录》）、EN（《广东高等植物红色名录》）

CITES附录：附录Ⅱ

识别特征：灌木，植株高达6 m。叶螺旋状排列于茎顶端，叶片三回羽状深裂；羽片互生，叶脉在裂片上羽状分裂，基部下侧小脉出自中脉的基部；叶纸质，干后绿色。孢子囊群生于侧脉分叉处，靠近中脉，囊托突起；囊群盖球形，薄膜质，外侧开裂，易破，成熟时反折覆盖于主脉上面。

平鳞黑桫椤

***Gymnosphaera henryi* (Baker) S. R. Ghosh**

科属：桫椤科黑桫椤属

保护等级：国家二级

省内分布

佛山（高明）、江门（恩平）、阳江（阳春）、茂名（信宜、高州）、清远（连山）、云浮（郁南）等地。

生境

溪沟边的密林下。

就地保护状况

云开山国家级自然保护区、阳春鹅凰嶂省级自然保护区均有分布。

濒危等级：NE（IUCN、《中国生物多样性红色名录》、《广东高等植物红色名录》）

CITES附录：附录Ⅱ

识别特征：灌木，植株有主干。叶长达3 m，三回羽裂，叶柄乌木色；叶为厚纸质，干后疣面深褐色，下面灰褐色，两面均无毛。孢子囊群位于主脉与叶缘之间，排列成“V”形，无囊群盖。

结脉黑桫椤

Gymnosphaera bonii (Christ) S. Y. Dong

科属：桫椤科黑桫椤属

保护等级：国家二级

濒危等级：NE（IUCN、《中国生物多样性红色名录》）、LC（《广东高等植物红色名录》）

CITES附录：附录Ⅱ

识别特征：灌木，主干不明显。一回或二回羽状复叶，羽片互生，基部叶脉连结，叶柄和叶轴生有小鳞片。孢子囊群排列于小叶叶脉两侧。

省内分布

广州（从化）、深圳、韶关（翁源）、梅州（大埔、丰顺）、惠州（博罗）、阳江（阳春）、茂名（信宜）、肇庆（德庆、怀集）等地。

生境

山坡林中、溪边灌丛。

就地保护状况

云开山国家级自然保护区、阳春鹅凰嶂省级自然保护区等均有分布。

黑桫椤

***Gymnosphaera podophylla* (Hook.) Copel.**

科属：桫椤科黑桫椤属

保护等级：国家二级

濒危等级：NE（IUCN）、VU（《中国生物多样性红色名录》）、LC（《广东高等植物红色名录》）

CITES附录：附录Ⅱ

识别特征：灌木，植株高1~3 m。叶柄红棕色，基部略膨大，叶一回、二回深裂至二回羽状，羽片互生，斜展；小羽片互生，条状披针形，基部截形，顶端尾状渐尖，边缘近全缘或有疏锯齿。孢子囊群圆形，着生小脉背面近基部处，无囊群盖，隔丝短。

省内分布

广州（从化）、佛山（高明）、韶关（乐昌、翁源）、河源（和平）、阳江（阳西）、肇庆（封开、怀集）、清远（英德、连州、连山）等地。

生境

山坡林中、溪边灌丛。

就地保护状况

省内各自然保护地多有分布，种群及个体数量较大，保护状况良好。

白桫椤

Sphaeropteris brunoniana **(Wall. ex Hook.) R. M. Tryon**

科属：桫椤科白桫椤属

保护等级：国家二级

濒危等级：NE（IUCN）、VU（《中国生物多样性红色名录》）、RE（《广东高等植物红色名录》）

CITES附录：附录Ⅱ

识别特征：灌木，茎干高20 m。叶柄禾秆色，常被白粉，上面有宽沟，沟的两外侧各有灰白色斑纹线；叶片三回羽状深裂，浅禾秆色，深裂至全裂。每裂片有孢子囊群7~9对，位于叶缘与主脉间，无囊群盖，隔丝发达与孢子囊几等长或长于孢子囊。

省内分布

仅见于茂名（信宜）。

生境

常绿阔叶林缘、山沟谷底。

就地保护状况

云开山国家级自然保护区有分布。

笔筒树

Sphaeropteris lepifera **(J. Sm. ex Hook.) R. M. Tryon**

科属：桫椤科白桫椤属

保护等级：国家二级

省内分布

仅见于汕头（南澳）。

生境

林缘、路边或山坡向阳地段。

就地保护状况

分布点尚未建立保护区或保护小区。

濒危等级：NE（IUCN）、LC（《中国生物多样性红色名录》）、CR（《广东高等植物红色名录》）

CITES附录：附录Ⅱ

识别特征：灌木，茎干高6 m。叶柄通常上面绿色，下面淡紫色，无刺，密被鳞片，有疣突；裂片纸质，全缘或近于全缘，下面灰白色。孢子囊群近主脉着生，无囊群盖；隔丝长于孢子囊。

苏铁蕨

Brainea insignis (Hook.) J. Sm.

科属：乌毛蕨科苏铁蕨属

保护等级：国家二级

省内分布

全省分布较广，大部分地区均有分布。

生境

林缘、路边或山坡向阳地段。

就地保护状况

省内多个自然保护地有分布，其中河源大桂山省级自然保护区、潮州饶平山门山苏铁蕨市级自然保护区的种群数量较大。

濒危等级：NE（IUCN）、VU（《中国生物多样性红色名录》）、NT（《广东高等植物红色名录》）

CITES附录：未收录

识别特征：草本。叶簇生于植株顶部，叶片椭圆披针形，革质，羽片线状披针形至狭披针形，边缘有细密的锯齿，能育叶与不育叶同形。孢子囊群沿主脉两侧的小脉着生，成熟时逐渐满布于主脉两侧，最终满布于能育羽片的下面。

裸子植物

Gymnosperms

仙湖苏铁

***Cycas szechuanensis* W. C. Cheng & L. K. Fu**

科属：苏铁科苏铁属

保护等级：国家一级

濒危等级：CR（IUCN、《广东高等植物红色名录》）、NE（《中国生物多样性红色名录》）

CITES附录：附录Ⅱ

识别特征：树干圆柱形。羽状叶长，条状矩圆形，叶柄两侧有刺，条形。雌雄异株。雄球花近圆柱形或长椭圆形，横切面宽三角形，顶端近截形，有刺状尖头。大孢子叶密生黄褐色或锈色绒毛，成熟后逐渐脱落，下部柄状，在其中上部两侧着生4~6枚胚珠。种子椭圆形或矩圆形，稀卵圆形，稍扁，熟时红褐色，顶端微凹，外面有不规则的皱纹。

省内分布

深圳、韶关（曲江、乐昌、仁化）、梅州（平远）、江门（台山、鹤山）、阳江（阳东）、肇庆（鼎湖、怀集）等地。

生境

沿河两岸的山坡和丛林中。

就地保护状况

丹霞山国家级自然保护区、鼎湖山国家级自然保护区均有分布。

江南油杉

***Keteleeria fortunei* var. cyclolepis (Flous) Silba**

科属：松科油杉属

保护等级：国家二级

省内分布

韶关（乐昌、南雄、始兴）等地。

生境

海拔340~1400 m之间的山地。

就地保护状况

始兴南山省级自然保护区的种群数量较大。

濒危等级：NT（IUCN）、NE（《中国生物多样性红色名录》）、DD（《广东高等植物红色名录》）

CITES附录：附录Ⅱ

识别特征：乔木。树皮灰褐色，不规则纵裂。叶条形，在侧枝上排列成两列，上面光绿色，通常无气孔线，下面色较浅，沿中脉两侧每边有气孔线10~20条，被白粉或白粉不明显。球果圆柱形或椭圆状圆柱形，种鳞常呈斜方形或斜方状圆形，苞鳞中部窄，下部稍宽，上部圆形或卵圆形，先端三裂。种子10月成熟。

华南五针松

Pinus kwangtungensis **Chun & Tsiang**

科属：松科松属

保护等级：国家二级

省内分布

韶关（乐昌、乳源）、清远（连州、连山、连南、阳山）等地。

生境

喜气候温湿、土壤深厚及多岩石的山坡与山脊上。

就地保护状况

南岭国家级自然保护区比较常见，常连片生长，保护现状良好。

濒危等级：NT（IUCN、《中国生物多样性红色名录》）、VU（《广东高等植物红色名录》）

CITES附录：未收录

识别特征：乔木。树皮常裂成不规则的鳞状块片。针叶5针一束，先端尖，边缘有疏生细锯齿，仅腹面每侧有白色气孔线4~5条。球果柱状矩圆形或圆柱状卵形，通常单生，熟时淡红褐色；种鳞楔状倒卵形；种子椭圆形或倒卵形，连同种翅与种鳞近等长。花期4—5月，球果翌年10月成熟。

罗汉松

Podocarpus macrophyllus **(Thunb.) Sw.**

科属：罗汉松科罗汉松属

保护等级：国家二级

省内分布

珠海、韶关（仁化、翁源、乳源）、江门（台山）、阳江（阳春）、肇庆（高要、怀集）、清远（英德、连山）等地。

生境

沿海岛屿的灌丛中。

就地保护状况

珠海淇澳–担杆岛省级自然保护区、台山上川岛猕猴省级自然保护区有分布。

濒危等级：VU（IUCN、《中国生物多样性红色名录》）、EN（《广东高等植物红色名录》）

CITES附录：未收录

识别特征：乔木。树皮灰色或灰褐色，浅纵裂，成薄片状脱落。叶螺旋状着生，条状披针形，微弯，先端尖，基部楔形，上面深绿色，有光泽，中脉显著隆起，下面带白色、灰绿色或淡绿色，中脉微隆起。雄球花穗状、腋生，常3~5个簇生于极短的总梗上，长3~5 cm，基部有数枚三角状苞片；雌球花单生叶腋，有梗，基部有少数苞片。种子卵圆形，径约1 cm，先端圆，熟时肉质假种皮紫黑色，有白粉，种托肉质圆柱形，红色或紫红色，柄长1~1.5 cm。花期4—5月，种子8—9月成熟。

短叶罗汉松

***Podocarpus chinensis* Wall. ex J. Forbes**

科属：罗汉松科罗汉松属

保护等级：国家二级

省内分布

清远（英德、连山）。

生境

海拔700~1200 m之间的山地中。

就地保护状况

石门台国家级自然保护区有分布。

濒危等级：NE（IUCN）、DD（《中国生物多样性红色名录》《广东高等植物红色名录》）

CITES附录：未收录

识别特征：小乔木或成灌木状。枝条向上斜展。叶短而密生，长2.5~7 cm，宽3~7 mm，先端钝或圆。种子椭圆状球形或卵圆形，先端钝圆，有凸起的小尖头，种托肉质，圆柱形。

百日青

***Podocarpus neriifolius* D. Don**

科属：罗汉松科罗汉松属

保护等级：国家二级

省内分布

广州（从化）、韶关（乐昌、仁化、始兴、乳源）、阳江（阳春）、茂名（信宜）、肇庆（封开、怀集）、清远（英德、连州、佛冈）等地。

生境

海拔400~1000 m之间的山地与阔叶树混生成林。

就地保护状况

南岭国家级自然保护区、怀集大稠顶省级自然保护区等均有分布。

濒危等级：VU（IUCN、《中国生物多样性红色名录》、《广东高等植物红色名录》）

CITES附录：附录Ⅱ

识别特征：乔木。树皮灰褐色，薄纤维质，成片状纵裂。枝条开展或斜展。叶螺旋状着生，披针形，厚革质，常微弯。雄球花穗状，单生或2~3个簇生，长2.5~5 cm，总梗较短，基部有多数螺旋状排列的苞片。种子卵圆形，长8~16 mm，顶端圆或钝，熟时肉质假种皮紫红色，种托肉质橙红色，梗长9~22 mm。花期5月，种子10—11月成熟。

福建柏

Fokienia hodginsii **(Dunn) A. Henry & H. H. Thomas**

科属：柏科福建柏属

保护等级：国家二级

省内分布

韶关（乐昌、新丰、乳源）、河源（龙川）、阳江（阳春）、清远（连州、连山、阳山）等地。

生境

中海拔地区温暖湿润的山地森林中。

就地保护状况

南岭国家级自然保护区、乐昌大瑶山省级自然保护区、连山笔架山省级自然保护区等均有分布。

濒危等级：VU（IUCN、《中国生物多样性红色名录》、《广东高等植物红色名录》）

CITES附录：未收录

识别特征：乔木。树皮平滑，生鳞叶的小枝扁平，排成一平面。鳞叶2对交叉对生，成节状，生于幼树或萌芽枝上的中央之叶呈楔状倒披针形，通常直而斜展，稍微向内曲，背侧面具1凹陷的白色气孔带。雄球花近球形。球果近球形，熟时褐色；种子顶端尖，上部有两个大小不等的翅。花期3—4月，种子翌年10—11月成熟。

水松

***Glyptostrobus pensilis* (Staunton ex D. Don) K. Koch**

科属：柏科水松属

保护等级：国家一级

省内分布

广州（从化）、珠海（斗门）、梅州（平远）、惠州（博罗）、茂名（高州）、肇庆（怀集）等地。

生境

河岸、池边、湖旁或沼泽地等湿生环境，尤其是河流三角洲低海拔地带。

就地保护状况

野生的水松分布范围非常狭窄，常以单株或数株的形式生长，其中怀集县洽水镇石莹村保存的水松种群数量较大。珠海斗门竹洲岛水松林区级自然保护区有现存面积最大的一片人工水松林。

濒危等级：CR（IUCN、《广东高等植物红色名录》）、VU（《中国生物多样性红色名录》）

CITES附录：未收录

识别特征：乔木。树干基部膨大成柱槽状。树皮纵裂成不规则的长条片。叶多型：鳞形叶螺旋状着生于多年生或当年生的主枝上；条形叶两侧扁平，常列成二列，背面中脉两侧有气孔带；条状钻形叶两侧扁。球果倒卵圆形，种鳞木质，苞鳞与种鳞几全部合生；种子椭圆形，稍扁，褐色，具翅。花期1—2月，球果秋后成熟。

穗花杉

***Amentotaxus argotaenia* (Hance) Pilg.**

科属：红豆杉科穗花杉属

保护等级：国家二级

濒危等级：NE（IUCN）、LC（《中国生物多样性红色名录》）、VU（《广东高等植物红色名录》）

CITES附录：未收录

识别特征：小乔木。叶基部扭转列成两列，条状披针形，直或微弯镰状，先端尖或钝，基部渐窄，楔形或宽楔形，有极短的叶柄，边缘微向下曲，下面白色气孔带与绿色边带等宽或较窄。种子椭圆形，成熟时假种皮鲜红色，顶端有小尖头露出。花期4月，种子10月成熟。

省内分布

江门（新会）、潮州（潮安）以及北部、中部和西部等地。

生境

耐阴喜湿，多生长于山坡林中。

就地保护状况

省内各自然保护地多有零星分布，保护状况良好。

海南粗榧

***Cephalotaxus hainanensis* H. L. Li**

科属：三尖杉科三尖杉属

保护等级：国家二级

濒危等级：EN（IUCN、《中国生物多样性红色名录》、《广东高等植物红色名录》）

CITES附录：未收录

识别特征：乔木。叶条形，排成两列，通常质地较薄，向上微弯或直，基部圆截形，稀圆形，先端微急尖、急尖或近渐尖，干后边缘向下反曲，上面中脉隆起，下面有2条白色气孔带。种子通常微扁，倒卵状椭圆形或倒卵圆形，顶端有凸起的小尖头，成熟前假种皮绿色，成熟后常呈红色。

省内分布

仅见于茂名（信宜），资源稀少。

生境

零散生长于山地沟谷或沟谷两岸的山坡上。

就地保护状况

云开山国家级自然保护区有分布。

篦子三尖杉

Cephalotaxus oliveri **Mast.**

科属：三尖杉科三尖杉属

保护等级：国家二级

濒危等级：VU（IUCN、《中国生物多样性红色名录》）、EN（《广东高等植物红色名录》）

CITES附录：未收录

识别特征：灌木。树皮灰褐色。叶条形，平展成两列，排列紧密，下面气孔带白色。雄球花6~7个聚生成头状花序，基部及总梗上部有10余枚苞片，每一雄球花基部有1枚广卵形的苞片。雌球花的胚珠通常1~2枚发育成种子。种子倒卵圆形、卵圆形或近球形，顶端中央有小凸尖。花期3—4月，种子8—10月成熟。

省内分布

韶关（乐昌、仁化、始兴、乳源）、清远（连州）。

生境

阔叶树林或针叶树林内。

就地保护状况

仁化红山省级自然保护区的种群数量较大。

白豆杉

***Pseudotaxus chienii* (W. C. Cheng) W. C. Cheng**

科属：红豆杉科白豆杉属

保护等级：国家二级

濒危等级：VU（IUCN、《中国生物多样性红色名录》）、CR（《广东高等植物红色名录》）

CITES附录：未收录

识别特征：灌木。树皮灰褐色，裂成条片状脱落。叶条形，排列成两列，直或微弯，先端凸尖，基部近圆形，有短柄，两面中脉隆起，上面光绿色，下面有2条白色气孔带，较绿色边带为宽或几等宽。种子卵圆形，顶端有凸起的小尖，成熟时肉质杯状假种皮白色，基部有宿存的苞片。花期3月下旬至5月，种子10月成熟。

省内分布

仅见于韶关（乐昌、乳源），资源稀少。

生境

常绿阔叶树林的沟谷地带及溪边灌丛中。

就地保护状况

南岭国家级自然保护区有分布。

南方红豆杉

Taxus wallichiana var. _mairei_ (Lemée & H. Lév.) L. K. Fu & Nan Li

科属：红豆杉科红豆杉属

保护等级：国家一级

濒危等级：EN（IUCN）、NT（《中国生物多样性红色名录》）、VU（《广东高等植物红色名录》）

CITES附录：未收录

识别特征：乔木。叶常较宽长，多呈弯镰状，上部常渐窄，先端渐尖，下面中脉带上无角质乳头状突起点，中脉带明晰可见，其色泽与气孔带相异，呈淡黄绿色或绿色，绿色边带亦较宽而明显。种子通常较大，微扁，多呈倒卵圆形，上部较宽，稀柱状矩圆形；假种皮成熟后红色。花期4—5月，种子10—11月成熟。

省内分布

韶关（乐昌、仁化、乳源）、肇庆（怀集）、清远（连山、连州、连南、阳山）、潮州（潮安）等地。

生境

山地阴坡、半阴坡，以及沟谷的针叶林、针阔叶混交林及落叶阔叶林中。

就地保护状况

南岭国家级自然保护区、韶关乳源南方红豆杉县级自然保护区等均有分布。其中，韶关乳源南方红豆杉县级自然保护区以南方红豆杉为主要保护对象。

被子植物

Angiosperms

厚叶木莲

金耳环

Asarum insigne **Diels**

科属：马兜铃科细辛属

保护等级：国家二级

濒危等级：NE（IUCN）、VU（《中国生物多样性红色名录》《广东高等植物红色名录》）

CITES附录：未收录

识别特征：多年生草本。根状茎匍匐。须根很多，肉质，有较浓的辛辣味，对光透视可见许多小油点。叶卵状心形，长10~20 cm；叶柄长12~20 cm。花单生于叶腋，檐部3裂，紫红色，基部中央有一隆起的大白斑。蒴果长圆形。花期3—4月，果期6—8月。

省内分布

韶关（乐昌、南雄、仁化、乳源）、惠州（博罗）、肇庆（怀集）、清远（英德、阳山）、云浮（新兴）等地。

生境

天然林下。

就地保护状况

南岭国家级自然保护区、怀集大稠顶省级自然保护区均有分布。

风吹楠

***Horsfieldia amygdalina* (Wall.) Warb.**

科属：肉豆蔻科风吹楠属

保护等级：国家二级

濒危等级：NE（IUCN）、NT（《中国生物多样性红色名录》）、CR（《广东高等植物红色名录》）

CITES附录：未收录

识别特征：乔木，高10~25 m。分枝平展，稀下垂，小枝褐色，具淡褐色卵形皮孔。叶坚纸质，椭圆状披针形或长圆状椭圆形。雄花序腋生或从落叶腋生出，圆锥状，长8~15 cm；雌花序通常着生于老枝上，长3~6 cm。果序长达10 cm；果成熟时卵圆形至椭圆形，橙黄色，先端具短喙，基部有时下延成短柄；果皮肉质，厚2~3 mm；假种皮橙红色，完全包被种子。花期8—10月，果期翌年3—5月。

省内分布

仅见于湛江（廉江）。

生境

疏林中。

就地保护状况

在广东省仅有标本记录，近年来未在产地发现野外记录。宜开展专项调查，明确其分布，再视情况建立保护小区或保护区，加强就地保护。

厚叶木莲

***Manglietia pachyphylla* H. T. Chang**

科属：木兰科木莲属

保护等级：国家二级

省内分布

广东省特有种，见于广州（从化）、韶关（新丰）、惠州（龙门）等地。

生境

海拔650 m以上的常绿阔叶林中。

就地保护状况

从化陈禾洞、龙门南昆山、新丰云髻山等省级自然保护区均有分布。

濒危等级：DD（IUCN）、CR（《中国生物多样性红色名录》）、EN（《广东高等植物红色名录》）

CITES附录：未收录

识别特征：常绿乔木，高达16 m，胸径30 cm。树皮灰黑色。小枝粗壮，被白粉，无毛；芽具淡黄色或深褐色长柔毛。叶厚革质，坚硬，倒卵状椭圆形或倒卵状长圆形，上面深绿色，有光泽，下面浅绿色，两面均无毛；叶柄粗壮。花芳香，白色，花被片9~10个。聚合果椭圆体形，蓇葖平均约37枚，背面有凹沟，顶端有短喙；种子1~14粒，扁球形。花期5月，果期9—10月。

广东含笑

Michelia guangdongensis **Y. H. Yan, Q. W. Zeng & F. W. Xing**

科属：木兰科含笑属

保护等级：国家二级

濒危等级：DD（IUCN）、EN（《中国生物多样性红色名录》）、CR（《广东高等植物红色名录》）

CITES附录：未收录

识别特征：小乔木。树皮灰褐色，芽、嫩枝密被红褐色平伏短柔毛。单叶互生，倒卵状椭圆形或倒卵形。嫩叶上面疏被红褐色短柔毛，下面密被红褐色平伏长柔毛；老叶上面深绿色，光滑无毛，下面稠密长柔毛的色泽尤浓。花单生于叶腋，芳香，具苞片1枚；花被片9~12片，白色，倒卵状椭圆形。花期3月，果期8—9月。

省内分布

广东省特有种，见于韶关（曲江、乳源）、清远（英德）。

生境

海拔1250~1400 m之间的山顶草地、灌丛和苔藓林中。

就地保护状况

集中分布于石门台国家级自然保护区，乳源大峡谷省级自然保护区也有分布。

卵叶桂

***Cinnamomum rigidissimum* H. T. Chang**

科属：樟科桂属

保护等级：国家二级

省内分布

韶关（新丰、乳源）、肇庆（封开）等地。

生境

海拔1700 m以下的林中或溪边。

就地保护状况

新丰云髻山省级自然保护区有分布。

濒危等级：NE（IUCN）、NT（《中国生物多样性红色名录》《广东高等植物红色名录》）

CITES附录：未收录

识别特征：小至中乔木。枝条圆柱形，灰褐色或黑褐色，无毛，有松脂的香气；小枝略扁，有棱角。叶对生，卵圆形、阔卵形，革质或硬革质，离基三出脉。花序近伞形，生于当年生枝的叶腋内。成熟果乳黄色，卵球形，长达2 cm。果期8月。

闽楠

***Phoebe bournei* (Hemsl.) Y. C. Yang**

科属：樟科楠属

保护等级：国家二级

濒危等级：NT（IUCN）、VU（《中国生物多样性红色名录》）、EN（《广东高等植物红色名录》）

CITES附录：未收录

识别特征：乔木，株高达20 m。叶革质或厚革质，披针形或倒披针形，先端渐尖或长渐尖，基部渐狭或楔形。花序生于新枝中、下部，被毛，通常3~4个，为紧缩不开展的圆锥花序。果椭圆形或长圆形；宿存花被片被毛，紧贴。花期4月，果期10—11月。

省内分布

韶关（曲江、乐昌、仁化、始兴、翁源、乳源）、梅州（大埔、平远）、清远（英德、连州、阳山）等地。

生境

山地沟谷阔叶林中。

就地保护状况

南岭国家级自然保护区、车八岭国家级自然保护区等均有分布。

杜鹃兰

Cremastra appendiculata (D. Don) Makino

科属：兰科杜鹃兰属

保护等级：国家二级

濒危等级：NE（IUCN）、VU（《中国生物多样性红色名录》）、EN（《广东高等植物红色名录》）

CITES附录：附录Ⅱ

识别特征：假鳞茎卵球形或近球形。叶通常1枚，生于假鳞茎顶端，狭椭圆形、近椭圆形或倒披针状狭椭圆形。总状花序，具5~22朵花；花苞片披针形至卵状披针形；萼片倒披针形；侧萼片略歪斜；花瓣倒披针形或狭披针形；侧裂片近线形；中裂片卵形至狭长圆形。蒴果近椭圆形，下垂。花期5—6月，果期9—12月。

省内分布

仅见于韶关（乳源）、清远（连州）。

生境

林下湿地或沟边湿地上。

就地保护状况

南岭国家级自然保护区有分布。

纹瓣兰

***Cymbidium aloifolium* (L.) Sw.**

科属：兰科兰属

保护等级：国家二级

省内分布

茂名（信宜）。

生境

疏林中、灌丛中树上或溪谷旁岩壁上。

就地保护状况

云开山国家级自然保护区有分布。

濒危等级：NE（IUCN）、NT（《中国生物多样性红色名录》）、DD（《广东高等植物红色名录》）

CITES附录：附录Ⅱ

识别特征：附生植物。假鳞茎卵球形，通常包藏于叶基之内。叶4~5枚，带形，厚革质，先端不等的2圆裂或2钝裂。花葶从假鳞茎基部穿鞘而出，下垂；总状花序，具15~35朵花；萼片与花瓣淡黄色至奶黄色，中央有1条栗褐色宽带和若干条纹，唇瓣白色或奶黄色而密生栗褐色纵纹；萼片狭长圆形至狭椭圆形；唇瓣近卵形，3裂。蒴果长圆状椭圆形。花期4—5月，偶见10月。

冬凤兰

Cymbidium dayanum **Rchb. f.**

科属：兰科兰属

保护等级：国家二级

省内分布

仅见于茂名（信宜）。

生境

疏林中树上或溪谷旁岩壁上。

就地保护状况

云开山国家级自然保护区有分布。

濒危等级：NE（IUCN）、VU（《中国生物多样性红色名录》）、EN（《广东高等植物红色名录》）

CITES附录：附录Ⅱ

识别特征：附生植物。假鳞茎近梭形，稍压扁。叶4~9枚，带形，坚纸质，暗绿色。花葶自假鳞茎基部穿鞘而出；总状花序，具5~9朵花；萼片与花瓣白色或奶黄色，褶片呈白色或奶黄色；萼片狭长圆状椭圆形；花瓣狭卵状长圆形；唇瓣近卵形。蒴果椭圆形。花期8—12月。

建兰

Cymbidium ensifolium **(L.) Sw.**

科属：兰科兰属

保护等级：国家二级

省内分布

广州（从化）、深圳、珠海、韶关（曲江、乐昌、南雄、仁化、始兴、翁源、新丰、乳源）、河源（连平）、梅州（大埔）、惠州（惠东、博罗、龙门）、阳江（阳春）、茂名（信宜）、肇庆（封开、怀集）、清远（英德、连州、连山、连南）等地。

生境

疏林下、灌丛中、山谷旁、草丛中。

就地保护状况

南岭国家级自然保护区、石门台国家级自然保护区、云开山国家级自然保护区、乐昌大瑶山省级自然保护区、翁源青云山省级自然保护区、阳春鹅凰嶂省级自然保护区、封开黑石顶省级自然保护区、怀集大稠顶省级自然保护区、怀集三岳省级自然保护区等均有分布。

濒危等级：NE（IUCN）、VU（《中国生物多样性红色名录》《广东高等植物红色名录》）

CITES附录：附录Ⅱ

识别特征：地生植物。假鳞茎卵球形。叶2~4（或6）枚，带形。花葶从假鳞茎基部发出；总状花序，具3~9（或13）朵花；花通常为浅黄绿色而具紫斑；萼片近狭长圆形或狭椭圆形；侧萼片常向下斜展；花瓣狭椭圆形或狭卵状椭圆形；唇瓣近卵形；侧裂片直立，上面有小乳突；中裂片较大。蒴果狭椭圆形。花期6—10月。

蕙兰

***Cymbidium faberi* Rolfe**

科属：兰科兰属

保护等级：国家二级

濒危等级：NE（IUCN）、LC（《中国生物多样性红色名录》）、EN（《广东高等植物红色名录》）

CITES附录：附录Ⅱ

识别特征：地生草本。假鳞茎不明显。叶5~8枚，带形，基部常对折而呈“V”形。花葶从叶丛基部最外面的叶腋抽出；总状花序，具5~11朵或更多的花；花苞片线状披针形；花常为浅黄绿色，唇瓣有紫红色斑；萼片近披针状长圆形或狭倒卵形；侧裂片直立；中裂片强烈外弯。蒴果近狭椭圆形。花期3—5月。

省内分布

韶关（乐昌、南雄、乳源）、清远（连州）。

生境

湿润、排水良好的透光处砂壤上。

就地保护状况

南岭国家级自然保护区有分布。

多花兰

***Cymbidium floribundum* Lindl.**

科属：兰科兰属

保护等级：国家二级

濒危等级：NE（IUCN）、VU（《中国生物多样性红色名录》《广东高等植物红色名录》）

CITES附录：附录Ⅱ

识别特征：附生植物。假鳞茎近卵球形。叶通常5~6枚，带形。花葶自假鳞茎基部穿鞘而出；总状花序，通常具10~40朵花；萼片与花瓣红褐色，唇瓣白色；萼片狭长圆形；花瓣狭椭圆形；唇瓣近卵形；侧裂片直立；中裂片稍外弯；唇盘上有2条纵褶片。蒴果近长圆形。花期4—8月。

省内分布

广州、韶关（乐昌、乳源）、梅州（蕉岭）、惠州（博罗、龙门）、阳江（阳春）、茂名（信宜）、肇庆（怀集）、清远（连州、连南、阳山）、云浮（罗定）等地。

生境

林中或林缘树上，溪谷旁透光的岩石、岩壁上。

就地保护状况

南岭国家级自然保护区、石门台国家级自然保护区、云开山国家级自然保护区、从化陈禾洞省级自然保护区、阳春鹅凰嶂省级自然保护区、怀集大稠顶省级自然保护区等均有分布。

春兰

Cymbidium goeringii (Rchb. f.) Rchb. f.

科属：兰科兰属

保护等级：国家二级

省内分布

韶关（曲江、乐昌、仁化、乳源）、清远（连州）。

生境

多石山坡、林缘、林中透光处。

就地保护状况

南岭国家级自然保护区有分布。

濒危等级：NE（IUCN）、VU（《中国生物多样性红色名录》）、EN（《广东高等植物红色名录》）

CITES附录：附录Ⅱ

识别特征：地生植物。假鳞茎较小，卵球形。叶4~7枚，带形，下部常多少对折而呈"V"形，边缘无齿或具细齿。花葶从假鳞茎基部外侧叶腋中抽出，明显短于叶；花序具单朵花；花苞片长而宽；花色泽变化较大；萼片近长圆形至长圆状倒卵形；花瓣倒卵状椭圆形至长圆状卵形；唇瓣近卵形，不明显3裂；侧裂片直立；中裂片较大。蒴果狭椭圆形。花期1—3月。

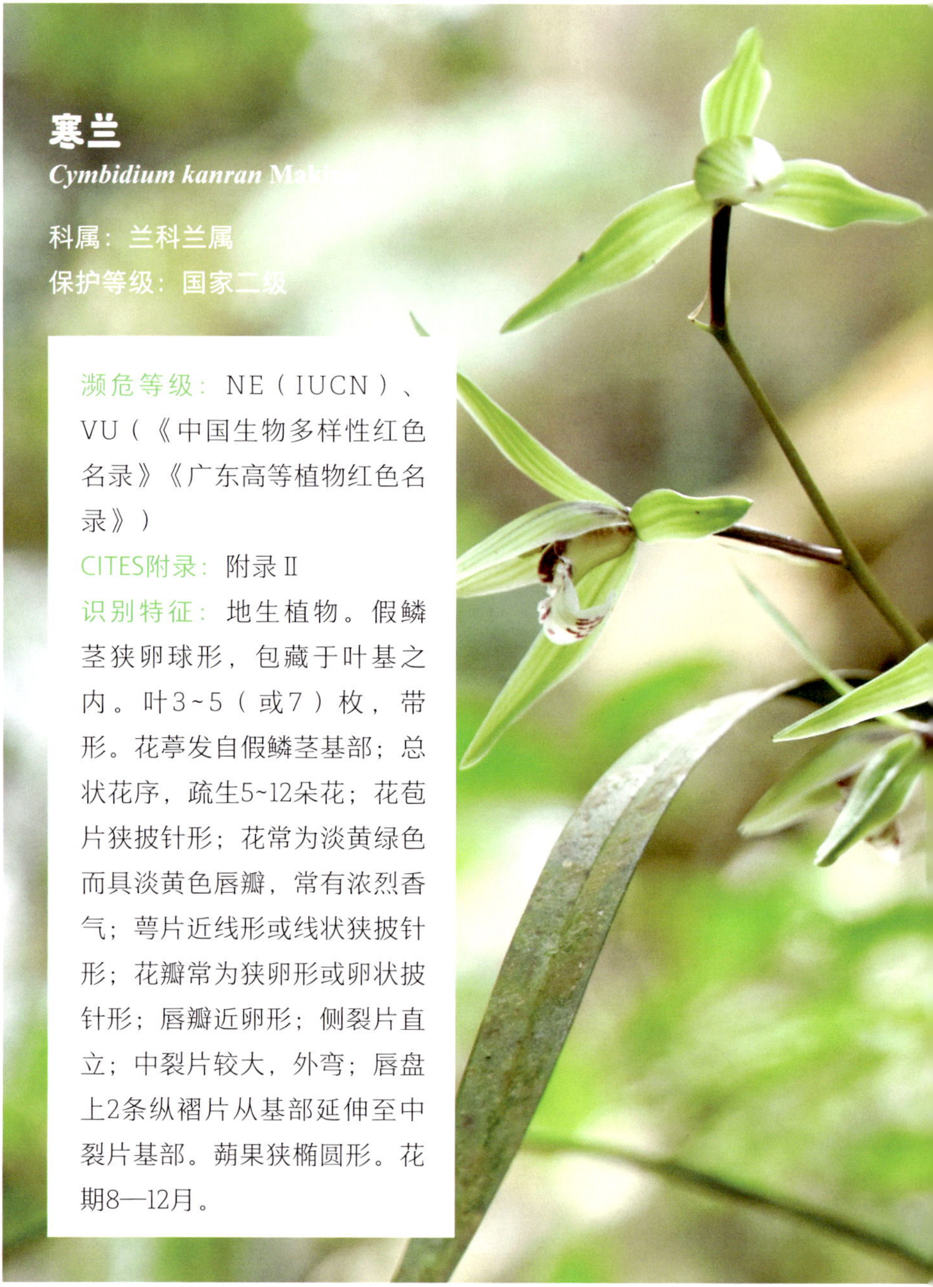

寒兰

***Cymbidium kanran* Makino**

科属：兰科兰属

保护等级：国家二级

濒危等级：NE（IUCN）、VU（《中国生物多样性红色名录》《广东高等植物红色名录》）

CITES附录：附录Ⅱ

识别特征：地生植物。假鳞茎狭卵球形，包藏于叶基之内。叶3~5（或7）枚，带形。花葶发自假鳞茎基部；总状花序，疏生5~12朵花；花苞片狭披针形；花常为淡黄绿色而具淡黄色唇瓣，常有浓烈香气；萼片近线形或线状狭披针形；花瓣常为狭卵形或卵状披针形；唇瓣近卵形；侧裂片直立；中裂片较大，外弯；唇盘上2条纵褶片从基部延伸至中裂片基部。蒴果狭椭圆形。花期8—12月。

省内分布

广州（从化）、韶关（曲江、乐昌、仁化、翁源、乳源）、河源（紫金）、惠州（博罗）、茂名（信宜）、清远（英德、连州）等地。

生境

林下、溪谷旁，或者稍荫蔽、湿润、多石的土壤上。

就地保护状况

南岭国家级自然保护区、石门台国家级自然保护区、云开山国家级自然保护区、紫金白溪省级自然保护区等均有分布。

硬叶兰

Cymbidium mannii **Rchb. f.**

科属：兰科兰属

保护等级：国家二级

濒危等级：NE（IUCN）、NT（《中国生物多样性红色名录》）、EN（《广东高等植物红色名录》）

CITES附录：附录Ⅱ

识别特征：附生植物。假鳞茎狭卵球形。叶4~7枚，带形，厚革质，先端为不等的2圆裂或2尖裂。总状花序，具10~20朵花；花苞片近三角形；花略小；萼片与花瓣淡黄色至奶油黄色，唇瓣白色至奶油黄色；萼片狭长圆形；花瓣近狭椭圆形；唇瓣近卵形；侧裂片短于蕊柱；中裂片外弯；蕊柱略向前弯曲，有很短的蕊柱足。蒴果近椭圆形。花期3—4月。

省内分布

广州（从化）、深圳、茂名（信宜）、清远（英德）、潮州（饶平）。

生境

林中或灌木林中的树上。

就地保护状况

云开山国家级自然保护区有分布。

墨兰

***Cymbidium sinense* (Jackson ex Andrews) Willd.**

科属：兰科兰属

保护等级：国家二级

濒危等级：NE（IUCN）、VU（《中国生物多样性红色名录》《广东高等植物红色名录》）

CITES附录：附录Ⅱ

识别特征：地生植物。假鳞茎卵球形，包藏于叶基之内。叶3~5枚，带形，暗绿色。花葶从假鳞茎基部发出；总状花序，具10~20朵或更多的花；花的色泽变化较大，较常为暗紫色或紫褐色而具浅色唇瓣，一般有较浓的香气；萼片狭长圆形或狭椭圆形；花瓣近狭卵形；侧裂片直立；中裂片较大。蒴果狭椭圆形。花期10月至翌年3月。

省内分布

广州（从化）、深圳、韶关（南雄、乳源）、惠州（惠阳、博罗）、江门、阳江（阳春）、茂名（信宜）、肇庆（封开、怀集）、清远（英德、连州）等地。

生境

林下、灌木林中或溪谷旁湿润、排水良好的荫蔽处。

就地保护状况

南岭国家级自然保护区、石门台国家级自然保护区、象头山国家级自然保护区、云开山国家级自然保护区、南雄小流坑–青嶂山省级自然保护区、阳春鹅凰嶂省级自然保护区、封开黑石顶省级自然保护区、怀集大稠顶省级自然保护区等均有分布。

丹霞兰

***Danxiaorchis singchiana* J. W. Zhai, F. W. Xing & Z. J. Liu**

科属：兰科丹霞兰属

保护等级：国家二级

濒危等级：NE（IUCN）、CR（《中国生物多样性红色名录》《广东高等植物红色名录》）

CITES附录：附录Ⅱ

识别特征：腐生植物，高可达40 cm。根状茎肉质，圆柱状，长5~6 cm，具短分枝。花葶直立，圆柱状。叶舌3~4个，膜质。总状花序，具2~13朵花；花萼片和花瓣淡黄色；唇瓣黄色；侧裂片具淡紫红色条带；中裂片具紫红色的斑点；基部具有一个“Y”形的巨大附属物，呈双囊状。蒴果梭形，长3~4.2 cm；种子圆柱形。花期4—5月，果期5—6月。

省内分布

仅见于韶关（仁化）。

生境

生长在潮湿、阴暗的地方，由于它的生长极度依赖独特丹霞地貌中的真菌，因此，人工移植很难成活。

就地保护状况

丹霞山国家级自然保护区有分布。

血叶兰

***Ludisia discolor* (Ker Gawl.) Blume**

科属：兰科血叶兰属

保护等级：国家二级

省内分布

广州（从化）、深圳、河源（和平）、惠州（博罗）、阳江（阳春）、茂名（信宜）。

生境

山坡或沟谷常绿阔叶林下阴湿处。

就地保护状况

象头山国家级自然保护区、罗浮山省级自然保护区均有分布。

濒危等级：NE（IUCN）、LC（《中国生物多样性红色名录》）、EN（《广东高等植物红色名录》）

CITES附录：附录Ⅱ

识别特征：地生兰，植株直立。根状茎伸长，匍匐，具节。茎直立，在近基部具2~4枚叶。叶片卵形或卵状长圆形，先端急尖或短尖。总状花序，具数朵至10余朵花，顶生；花苞片卵形或卵状披针形；花白色或带淡红色；中萼片卵状椭圆形；侧萼片偏斜的卵形或近椭圆形；花瓣近半卵形；唇瓣基部的囊2浅裂，囊内具2枚肉质的胼胝体；蕊柱下部变细，顶部膨大。花期2—4月。

小叶兜兰

Paphiopedilum barbigerum **Tang & F. T. Wang**

科属：兰科兜兰属

保护等级：国家一级

省内分布

仅见于阳江（阳春）。

生境

附生于石灰岩上。

就地保护状况

目前小叶兜兰分布点还未建立自然保护地，宜在其分布点建立自然保护小区，以加强就地保护。

濒危等级：EN（IUCN、《中国生物多样性红色名录》）、CR（《广东高等植物红色名录》）

CITES附录：附录 I

识别特征：地生或半附生植物。叶基生，2列，5~6枚；叶片宽线形，长8~19 cm，宽7~18 mm。花葶直立，有紫褐色斑点，密被短柔毛，顶端生1花；花中等大；唇瓣倒盔状，基部具宽阔的、长1.5~2 cm的柄；囊近卵形，长2~2.5 cm，宽1.5~2 cm，囊口极宽阔，两侧各具1个直立的耳，两耳前方的边缘不内折，囊底有毛。花期10—12月。

广东兜兰

***Paphiopedilum guangdongense* Z. J. Liu & L. J. Chen**

科属：兰科兜兰属

保护等级：国家一级

濒危等级：CR（IUCN、《中国生物多样性红色名录》、《广东高等植物红色名录》）

CITES附录：附录 I

识别特征：地生兰。叶2列，5~6枚，顶端不相等2裂。花葶直立，黄绿色，被稀毛；花序单生；花苞片近椭圆形；花梗和子房紫棕色，被毛；花大；中萼片白色，从中间到基部带有浅绿色，有时带紫棕色脉纹；花瓣具紫棕色脉纹，上表面淡棕色，下表面淡绿棕色；唇瓣棕黄色；退化雄蕊近方状倒卵形。花期9—11月。

省内分布

广东省特有种，见于茂名（信宜）。

生境

海拔1100~1500 m之间的林下陡坡砂壤上或湿润的岩石上。

就地保护状况

云开山国家级自然保护区有分布。

紫纹兜兰

***Paphiopedilum purpuratum* (Lindl.) Stein**

科属：兰科兜兰属

保护等级：国家一级

濒危等级：CR（IUCN）、EN（《中国生物多样性红色名录》《广东高等植物红色名录》）

CITES附录：附录Ⅰ

识别特征：地生兰或半附生兰。叶基生，2列，3~8枚；叶片狭椭圆形，上面具有暗绿色与浅黄色相间的网格斑。花葶直立，长12~23 cm，紫色，顶端生1花；花直径7~8 cm；花瓣紫红色或浅栗色，有深色纵脉纹、绿白色晕和黑色疣点；唇瓣深囊状，囊近宽长圆状卵形，向末略变狭，囊口极宽阔，两侧各具1个直立的耳。花期10月至翌年1月。

省内分布

广州（从化）、深圳（盐田、龙岗、大鹏新区）、河源（紫金）、惠州（博罗、惠东）、东莞、中山、阳江（阳春）、茂名（电白）、潮州（潮安）。

生境

天然林下或陡坡石壁上。

就地保护状况

象头山国家级自然保护区、紫金白溪省级自然保护区、阳春鹅凰嶂省级自然保护区、茂名河尾山市级自然保护区等均有分布。

独蒜兰

***Pleione bulbocodioides* (Franch.) Rolfe**

科属：兰科独蒜兰属

保护等级：国家二级

省内分布

广州（从化）、韶关（乐昌、乳源）、惠州（博罗）、肇庆（怀集）、清远（英德、连州、连山）等地。

生境

常绿阔叶林下、灌木林缘腐殖质丰富的土壤上或苔藓覆盖的岩石上。

就地保护状况

南岭国家级自然保护区、石门台国家级自然保护区、象头山国家级自然保护区、从化陈禾洞省级自然保护区、怀集大稠顶省级自然保护区等均有分布。

濒危等级：NE（IUCN）、LC（《中国生物多样性红色名录》）、NT（《广东高等植物红色名录》）

CITES附录：附录Ⅱ

识别特征：半附生草本。假鳞茎卵形至卵状圆锥形，上端有明显的颈，顶端具1枚叶。叶在花期尚幼嫩，长成后狭椭圆状披针形或近倒披针形，纸质。花葶从无叶的老假鳞茎基部发出，顶端具1（或2）朵花；花苞片线状长圆形；花粉红色至淡紫色，唇瓣具深色斑；花瓣倒披针形，稍斜歪；唇瓣轮廓为倒卵形或宽倒卵形，不明显3裂，上部边缘撕裂状。蒴果近长圆形。花期4—6月。

陈氏独蒜兰

***Pleione chunii* C. L. Tso**

科属：兰科独蒜兰属

保护等级：国家二级

濒危等级：VU（IUCN）、EN（《中国生物多样性红色名录》《广东高等植物红色名录》）

CITES附录：附录Ⅱ

识别特征：地生或附生草本。假鳞茎卵形至圆锥形，上端有明显的颈，顶端具1枚叶。花葶从无叶的老假鳞茎基部发出，顶端具1朵花；花苞片狭椭圆状倒披针形；花大，淡粉红色至玫瑰紫色；中萼片狭椭圆形或长圆状椭圆形；侧萼片斜椭圆形；花瓣倒披针形或匙形，强烈反折；唇瓣展开时宽扇形，具4~5行髯毛或流苏状毛，均从基部延伸到上部。花期3月。

省内分布

韶关（乐昌、乳源）、梅州（平远）。

生境

林中。

就地保护状况

南岭国家级自然保护区有分布。

台湾独蒜兰

Pleione formosana **Hayata**

科属：兰科独蒜兰属

保护等级：国家二级

濒危等级：VU（IUCN、《中国生物多样性红色名录》）、NT（《广东高等植物红色名录》）

CITES附录：附录Ⅱ

识别特征：半附生或附生草本。假鳞茎呈卵形或卵球形，绿色或暗紫色，顶端具1枚叶。叶片长成后为椭圆形或倒披针形，纸质，长10~30 cm，宽3~7 cm。花葶从假鳞茎基部发出，通常顶端有1朵花；花白色至粉红色；唇瓣色泽较浅，上面具黄色、红色或褐色斑。花期3—4月。

省内分布

广州（从化）、韶关（乐昌、南雄、新丰、乳源）、清远（英德、连州、连山）等地。

生境

林下或林缘腐殖质丰富的土壤和岩石上。

就地保护状况

南岭国家级自然保护区、从化陈禾洞省级自然保护区均有分布。

毛唇独蒜兰

Pleione hookeriana **(Lindl.) Rollisson**

科属：兰科独蒜兰属

保护等级：国家二级

省内分布

韶关（乐昌、乳源）。

生境

树干上，灌木林缘苔藓覆盖的岩石上、岩壁上。

就地保护状况

南岭国家级自然保护区有分布。

濒危等级：NE（IUCN）、VU（《中国生物多样性红色名录》）、EN（《广东高等植物红色名录》）

CITES附录：附录Ⅱ

识别特征：附生草本。假鳞茎卵形至圆锥形，顶端具1枚叶。叶在花期尚幼嫩或已长成，叶椭圆状披针形或近长圆形。花葶从无叶的老假鳞茎基部发出，直立，顶端具1朵花；花苞片近长圆形；花较小；中萼片近长圆形或倒披针形；侧萼片镰刀状披针形，先端急尖；花瓣倒披针形，展开；唇瓣通常具7行沿脉而生的髯毛或流苏状毛。蒴果近长圆形。花期4—6月，果期9月。

小叶独蒜兰

***Pleione microphylla* S. C. Chen & Z. H. Tsi**

科属：兰科独蒜兰属

保护等级：国家二级

省内分布

广东省特有种，见于韶关（乳源）、惠州（博罗）。

生境

常有苔藓覆盖的潮湿石壁上。

就地保护状况

南岭国家级自然保护区有分布。

濒危等级：NE（IUCN）、EN（《中国生物多样性红色名录》《广东高等植物红色名录》）

CITES附录：附录Ⅱ

识别特征：附生草本。假鳞茎卵状圆柱形，膝状弯曲，具1枚叶；新鳞茎从老鳞茎的中部直接生出。叶在花期未全部长成，狭长圆形或长圆状披针形，基部收缩成柄。花苞片长圆状披针形；花单生，白色，但唇瓣带有黄条纹；花瓣向顶端呈淡粉红色；中萼片长圆状披针形；侧萼片偏斜；蕊柱纤细。花期4月。

深圳香荚兰

***Vanilla shenzhenica* Z. J. Liu & S. C. Chen**

科属：兰科香荚兰属

保护等级：国家二级

省内分布

广州（从化）、深圳、惠州（惠阳）、阳江（阳春、阳西）。

生境

山谷较陡边坡阴湿石崖的石面和大树上。

就地保护状况

阳春鹅凰嶂省级自然保护区、流溪河国家森林公园均有分布。

濒危等级：NE（IUCN）、DD（《中国生物多样性红色名录》）、CR（《广东高等植物红色名录》）

CITES附录：附录Ⅱ

识别特征：草质攀援藤本。茎长8~10 m或更长，具分枝，散生多数叶。叶深绿色，椭圆形。总状花序从叶腋中抽出，长3~5 cm，水平伸展，具4~5朵花；花苞片大，卵圆形；花不完全开放，淡黄绿色；唇瓣紫红色且具白色附属物，有香味；中萼片近卵状披针形；侧萼片椭圆形；花瓣椭圆形；唇瓣管状，展开呈宽椭圆形。花期2—3月。

六角莲

***Dysosma pleiantha* (Hance) Woodson**

科属：小檗科鬼臼属

保护等级：国家二级

濒危等级：NE（IUCN）、VU（《中国生物多样性红色名录》）、CR（《广东高等植物红色名录》）

CITES附录：未收录

识别特征：多年生草本，植株高20~60 cm。根状茎粗壮，横走，呈圆形结节；茎直立，单生，顶端生二叶。叶对生，盾状，轮廓近圆形，5~9浅裂。花着生于叶腋，花梗长2~4 cm，常下弯，无毛；花紫红色，下垂。浆果倒卵状长圆形或椭圆形，长约3 cm，直径约2 cm，熟时紫黑色。花期3—6月，果期7—9月。

省内分布

韶关（乳源）、惠州（博罗）、茂名（信宜）、肇庆（高要、怀集）、清远（英德、阳山）、云浮（郁南）等地。

生境

林下、山谷溪旁或阴湿溪谷草丛中。

就地保护状况

南岭国家级自然保护区有分布。

八角莲

Dysosma versipellis (Hance) M. Cheng ex T. S. Ying

科属：小檗科鬼臼属

保护等级：国家二级

濒危等级：VU（IUCN、《中国生物多样性红色名录》）、EN（《广东高等植物红色名录》）

CITES附录：未收录

识别特征：多年生草本，植株高40~150 cm。根状茎粗壮，横生，多须根；茎直立，不分枝，无毛，淡绿色。茎生叶2枚，薄纸质，互生，盾状，近圆形，直径达30 cm，4~9条掌状浅裂。花深红色，5~8朵簇生于离叶基部不远处，下垂。浆果椭圆形，长约4 cm，直径约3.5 cm。花期3—6月，果期5—9月。

省内分布

韶关（南雄、仁化、乳源）、河源（和平、连平）、惠州（博罗、龙门）、阳江（阳春）、茂名（信宜）、肇庆（封开、怀集、高要）、清远（英德、连州、连山、阳山）等地均有分布，较为广泛，但多为零星个体。

生境

山坡林下、灌丛中、溪旁阴湿处、竹林下或石灰岩常绿林下。

就地保护状况

省内各自然保护地多有零星分布，怀集大稠顶省级自然保护区的种群数量较大。

长柄双花木

***Disanthus cercidifolius* subsp. *longipes* (Hung T. Chang) K. Y. Pang**

科属：金缕梅科双花木属

保护等级：国家二级

省内分布

仅见于韶关（乳源）、清远（连州、阳山）。

生境

山坡林地中。

就地保护状况

南岭国家级自然保护区有分布。

濒危等级：NE（IUCN）、NT（《中国生物多样性红色名录》）、EN（《广东高等植物红色名录》）

CITES附录：未收录

识别特征：多分枝灌木。小枝有细小皮孔。叶片阔卵圆形，先端钝或为圆形，掌状脉5~7条，全缘。头状花序腋生，苞片联生成短筒状；萼筒花开放时反卷；花瓣红色，狭长带形。蒴果倒卵形，果序柄较长；种子黑色，有光泽。花期10—12月。

四药门花

Loropetalum subcordatum (Benth.) Oliv.

科属：金缕梅科檵木属

保护等级：国家二级

濒危等级：VU（IUCN、《中国生物多样性红色名录》）、CR（《广东高等植物红色名录》）

CITES附录：未收录

识别特征：小乔木。叶革质，卵状或椭圆形，先端短急尖，基部圆形或微心形，下面秃净无毛；托叶披针形，被星状毛。头状花序腋生；花两性；花瓣5片，带状，白色。蒴果近球形，有褐色星状毛；种子长卵形，黑色。花期3—4月，果期8—10月。

省内分布

中山、江门（台山）等地。

生境

山谷溪流两旁的常绿阔叶林中。

就地保护状况

江门古兜山省级自然保护区、中山香山省级自然保护区均有分布。

格木

***Erythrophleum fordii* Oliv.**

科属：豆科格木属

保护等级：国家二级

濒危等级：EN（IUCN）、VU（《中国生物多样性红色名录》《广东高等植物红色名录》）

CITES附录：未收录

识别特征：乔木。叶互生，二回羽状复叶，无毛；羽片通常3对，对生或近对生；小叶互生。由穗状花序排成圆锥花序；总花梗上被铁锈色柔毛；花瓣5片，淡黄绿色。荚果长圆形，扁平，厚革质，有网脉；种子长圆形。花期5—6月，果期8—10月。

省内分布

广州（从化）、河源（紫金）、惠州（博罗、龙门）、肇庆（鼎湖、德庆、封开）、清远（英德、佛冈）等地。

生境

村边风水林及山地疏林中。

就地保护状况

鼎湖山国家级自然保护区、象头山国家级自然保护区、从化陈禾洞省级自然保护区、紫金白溪省级自然保护区等均有分布，很多村镇风水林也有分布，保护状况良好。

博罗红豆

***Ormosia boluoensis* Y. Q. Wang & P. Y. Chen**

科属：豆科红豆属

保护等级：国家二级

濒危等级：NE（IUCN）、CR（《中国生物多样性红色名录》《广东高等植物红色名录》）

CITES附录：未收录

识别特征：常绿灌木至小乔木。单叶，互生，叶片长圆形或椭圆形，5~9 cm，革质，无毛，基部楔形，先端渐尖。花序顶生或总状腋生，密被叶状低短柔毛；花冠白色。雄蕊不等长，离生，弯曲；花药5个发育良好，5个发育不良，不育；子房卵形椭圆形，被黄色短柔毛；花柱弯曲。荚果倒卵形至长椭圆形或菱形，果瓣厚木质，种子较重，种皮红色。花期4—5月，果期6—10月。

省内分布

广东省特有种，仅见于惠州（博罗、龙门）。

生境

海拔800~900 m之间的常绿阔叶林中。

就地保护状况

广东特有的极小种群野生植物。就地保护于象头山国家级自然保护区、龙门南昆山省级自然保护区，数量极少。

厚荚红豆

***Ormosia elliptica* Q. W. Yao & R. H. Chang**

科属：豆科红豆属

保护等级：国家二级

濒危等级：NE（IUCN）、DD（《中国生物多样性红色名录》《广东高等植物红色名录》）

CITES附录：未收录

识别特征：乔木，高15 m。羽状复叶，长15~18 cm；小叶2（或3）对，长椭圆形，先端钝尖，基部楔形。总状果序，顶生或腋生；荚果椭圆形，长4.5~5.6 cm，宽2.5~3 cm，果瓣肥厚木质，厚3~4 mm，有中果皮，果瓣外面平滑无毛，内壁无隔膜，通常有种子2~3粒；种子椭圆形，长1.6 cm左右，宽1~1.3 cm，厚7~8 mm，种脐长8~10 mm，位于长轴一侧。花期4--5月，果期10—11月。

省内分布

仅见于潮州（饶平）。

生境

低海拔平地路旁或山谷水边。

就地保护状况

未发现有分布于自然保护地中的记录。

凹叶红豆

Ormosia emarginata **(Hook. & Arn.) Benth.**

科属：豆科红豆属

保护等级：国家二级

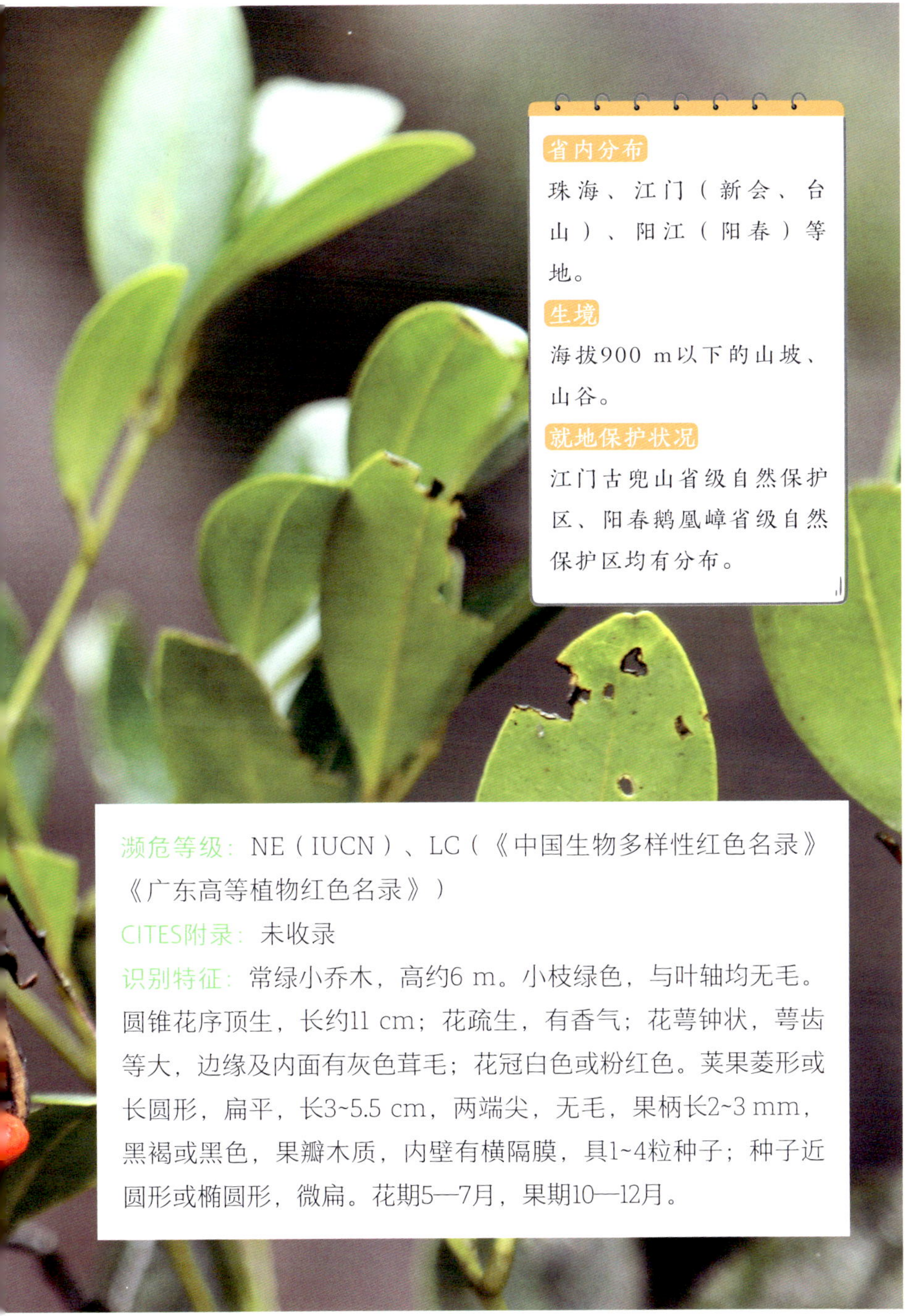

省内分布

珠海、江门（新会、台山）、阳江（阳春）等地。

生境

海拔900 m以下的山坡、山谷。

就地保护状况

江门古兜山省级自然保护区、阳春鹅凰嶂省级自然保护区均有分布。

濒危等级：NE（IUCN）、LC（《中国生物多样性红色名录》《广东高等植物红色名录》）

CITES附录：未收录

识别特征：常绿小乔木，高约6 m。小枝绿色，与叶轴均无毛。圆锥花序顶生，长约11 cm；花疏生，有香气；花萼钟状，萼齿等大，边缘及内面有灰色茸毛；花冠白色或粉红色。荚果菱形或长圆形，扁平，长3~5.5 cm，两端尖，无毛，果柄长2~3 mm，黑褐或黑色，果瓣木质，内壁有横隔膜，具1~4粒种子；种子近圆形或椭圆形，微扁。花期5—7月，果期10—12月。

锈枝红豆

***Ormosia ferruginea* R. H. Chang**

科属：豆科红豆属

保护等级：国家二级

濒危等级：NE（IUCN）、DD（《中国生物多样性红色名录》）、NT（《广东高等植物红色名录》）

CITES附录：未收录

识别特征：常绿小乔木，高2.5 m。小枝、芽、叶柄、叶轴均密被浓密锈色茸毛。奇数或偶数羽状复叶，叶轴在最上部一对小叶处延长2 mm生顶小叶；小叶6~9对，革质，椭圆形或倒卵状椭圆形。圆锥花序或总状花序，顶生或腋生。荚果椭圆形，顶端有短喙，果瓣薄木质，光滑无毛，内壁有隔膜，有种子2~4粒；种子椭圆形，微扁，长1 cm，宽约7 mm，种皮鲜红色。花期7月，果期10月。

省内分布

广东省特有种，仅见于河源（紫金）、惠州（惠东）、阳江（阳春）。

生境

常生于山坡疏林边。常与亮毛红豆、软荚红豆伴生于同一植物群落。

就地保护状况

广东特有的极小种群野生植物，数量十分稀少，分布点零散，群落规模均较小。就地保护于阳春鹅凰嶂省级自然保护区、河源紫金白溪省级自然保护区、惠东莲花山-白盆珠省级自然保护区。

肥荚红豆

***Ormosia fordiana* Oliv.**

科属：豆科红豆属

保护等级：国家二级

濒危等级：LC（IUCN、《中国生物多样性红色名录》、《广东高等植物红色名录》）

CITES附录：未收录

识别特征：乔木，高达17 m，胸径可达20 cm。树皮深灰色，浅裂。幼枝、幼叶密被锈褐色柔毛，老则渐脱落而毛稀。奇数羽状复叶，长19~40 cm；叶轴在最上部1对小叶处延长3~15 mm生顶小叶；小叶3~4 对。圆锥花序生于新枝梢，长15~26 cm；总花梗及花梗密被锈色毛；花大，长2~2.5 cm；花冠淡紫红色。荚果半圆形或长圆形，长5~12 cm，先端有斜歪的喙，果瓣木质，开裂，无隔膜，具宿存花萼，有种子1~4粒；种子大，长椭圆形，两端钝圆。花期6—7月，果期11月。

省内分布

惠州（博罗、龙门）、江门（台山、恩平）、阳江（阳春）、茂名（信宜）、肇庆（鼎湖、德庆、封开、怀集）、清远（英德）等地。

生境

散生于山谷、山坡路旁、溪边杂木林中。

就地保护状况

阳春鹅凰嶂省级自然保护区、恩平七星坑省级自然保护区等均有分布，保护状况较好。

光叶红豆

Ormosia glaberrima **Y. C. Wu**

科属：豆科红豆属

保护等级：国家二级

省内分布

广州（从化）、韶关（乐昌、仁化、乳源）、梅州（五华）、中山、江门（新会、台山）、茂名（信宜）、肇庆（鼎湖、封开）、清远（英德）等地。

生境

山地或沟谷林中。

就地保护状况

主要分布于省内各自然保护地，保护状况良好。

濒危等级：NE（IUCN）、VU（《中国生物多样性红色名录》）、LC（《广东高等植物红色名录》）

CITES附录：未收录

识别特征：常绿乔木。树皮灰绿色，平滑。小枝绿色，干时暗灰色，有锈褐色毛，老则脱落。奇数羽状复叶，叶轴在最上部一对小叶处延长0.7~2.8 cm生顶小叶；小叶2~3对，革质，卵形或椭圆状披针形。圆锥花序顶生或腋生；花长约1 cm，具短梗。荚果扁平，椭圆形或长椭圆形，长3.5~5 cm，宽1.7~2 cm，两端急尖，顶端有短而略弯的喙，果瓣黑色，木质，无毛，内壁有横隔膜，有种子1~4粒；种子扁圆形或长圆形，种皮鲜红色，有光泽。花期6月，果期10月。

花榈木

***Ormosia henryi* Prain**

科属：豆科红豆属

保护等级：国家二级

濒危等级：NE（IUCN）、VU（《中国生物多样性红色名录》《广东高等植物红色名录》）

CITES附录：未收录

识别特征：常绿乔木。树皮灰绿色。小枝、叶轴、花序密被绒毛。奇数羽状复叶，革质，椭圆形或长圆状椭圆形。圆锥花序顶生或总状花序腋生，密被淡褐色绒毛；花冠中央淡绿色，边缘绿色且微带淡紫色。荚果扁平，长椭圆形；种子椭圆形或卵形。花期7—8月，果期10—11月。

省内分布

广州（从化）、深圳、佛山（南海）、韶关（曲江、南雄、仁化）、梅州（平远）、清远（英德）等地。

生境

山坡、溪谷杂木林或风水林内。

就地保护状况

石门台国家级自然保护区、丹霞山国家级自然保护区、南雄小流坑-青嶂山省级自然保护区、始兴南山省级自然保护区、曲江沙溪省级自然保护区等均有分布，风水林中偶见。

韧荚红豆

***Ormosia indurata* H. Y. Chen**

科属：豆科红豆属

保护等级：国家二级

省内分布

深圳、河源（紫金）、惠州（惠东、博罗、龙门）等地。

生境

常绿阔叶林中。

就地保护状况

象头山国家级自然保护区、紫金白溪省级自然保护区均有分布。

濒危等级：NE（IUCN）、VU（《中国生物多样性红色名录》）、LC（《广东高等植物红色名录》）

CITES附录：未收录

识别特征：常绿乔木，高5~9 m。老枝暗紫褐色或淡黄褐色，无毛，叶痕隆起，皮孔凸起，小枝幼时有明显柔毛或疏生黄褐色毛。奇数羽状复叶，叶轴在最上部一对小叶处延长2~10 mm生顶小叶，小叶3~4对（或2~4对）。圆锥花序顶生，花瓣白色。荚果木质，倒卵形或长圆形，果瓣厚木质，略肿胀，内有横隔膜，具1~2粒种子；种子椭圆形，微压扁，种皮坚硬，红褐色，有光泽。花期5—6月，果期11月。

云开红豆

Ormosia merrilliana **H. Y. Chen**

科属：豆科红豆属

保护等级：国家二级

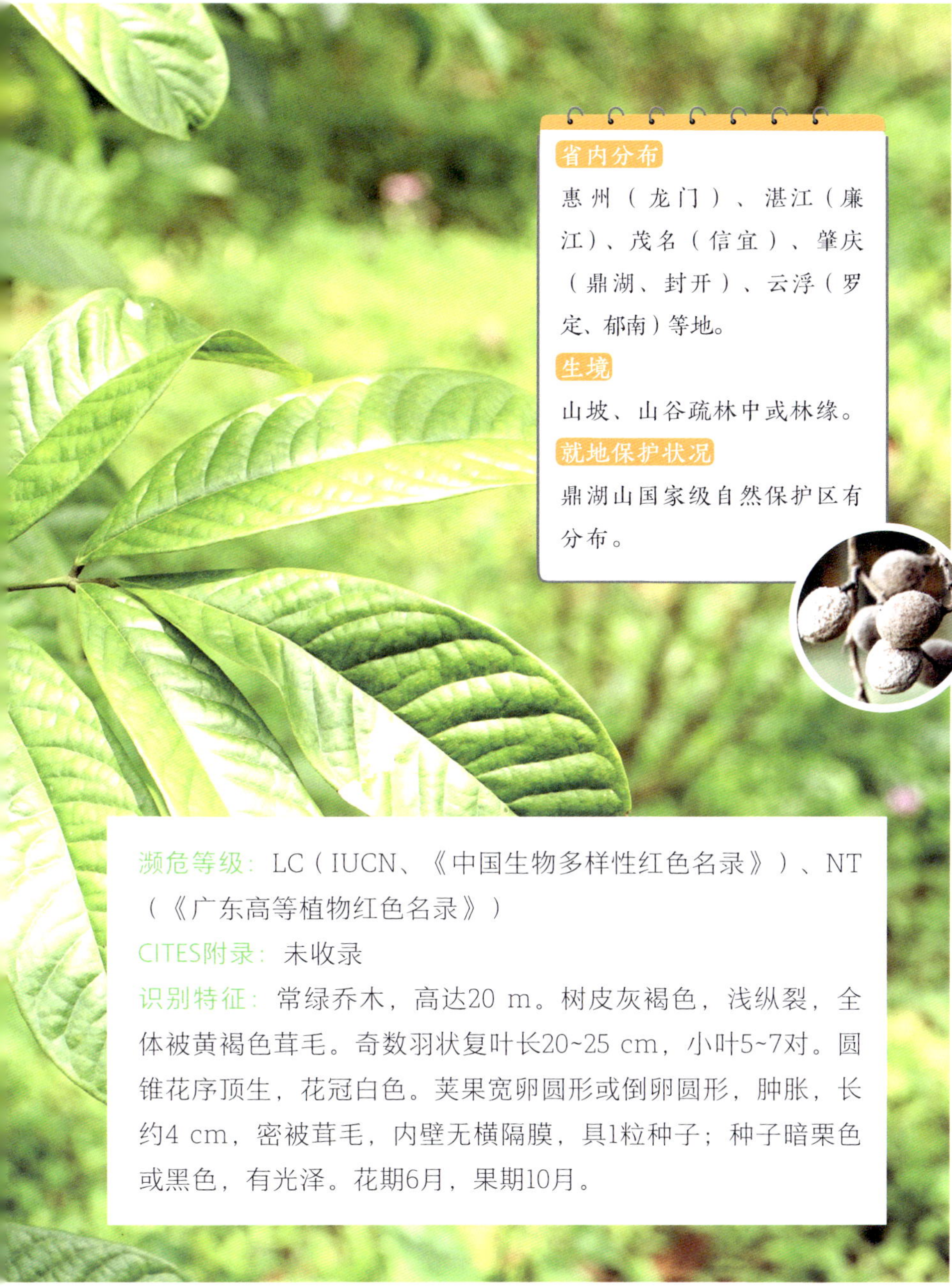

省内分布

惠州（龙门）、湛江（廉江）、茂名（信宜）、肇庆（鼎湖、封开）、云浮（罗定、郁南）等地。

生境

山坡、山谷疏林中或林缘。

就地保护状况

鼎湖山国家级自然保护区有分布。

濒危等级：LC（IUCN、《中国生物多样性红色名录》）、NT（《广东高等植物红色名录》）

CITES附录：未收录

识别特征：常绿乔木，高达20 m。树皮灰褐色，浅纵裂，全体被黄褐色茸毛。奇数羽状复叶长20~25 cm，小叶5~7对。圆锥花序顶生，花冠白色。荚果宽卵圆形或倒卵圆形，肿胀，长约4 cm，密被茸毛，内壁无横隔膜，具1粒种子；种子暗栗色或黑色，有光泽。花期6月，果期10月。

小叶红豆

Ormosia microphylla **Merr.**

科属：豆科红豆属

保护等级：国家一级

省内分布

仅见于梅州（梅县、大埔）。

生境

密林中。

就地保护状况

梅县阴那山省级自然保护区有分布。

濒危等级：NE（IUCN）、EN（《中国生物多样性红色名录》）、VU（《广东高等植物红色名录》）

CITES附录：未收录

识别特征：灌木或乔木，高3~10 m。树皮灰褐色，不裂。叶轴在最上部一对小叶处延长5~7 mm生顶小叶；小叶5~7对，纸质，椭圆形，先端急尖，基部圆，上面榄绿色，下面苍白色，侧脉5~7对，下面隆起。花序顶生。荚果有梗，近菱形或长椭圆形，长5~6 cm，宽2~3 cm，压扁，顶端有小尖头，果瓣厚革质或木质，黑褐色或黑色，有光泽，内壁有横隔膜，有种子3~4粒；种子长2.2 cm，宽6~8 mm，种皮红色，坚硬，微有光泽，种脐长3~3.5 mm，位于短轴一端。果期9月。

秃叶红豆

Ormosia nuda (How) R. H. Chang & Q. W. Yao

科属：豆科红豆属

保护等级：国家二级

濒危等级：LC（IUCN、《中国生物多样性红色名录》）、VU（《广东高等植物红色名录》）

CITES附录：未收录

识别特征：常绿乔木。树皮灰色或灰褐色。奇数羽状复叶，叶柄在最上部一对小叶处不延长或延长1.4~2.5 cm生顶小叶；小叶2~3对。荚果长椭圆形或椭圆形，长4.3~6.6 cm，宽2.6~3 cm，果瓣厚木质，厚3~7 mm，黑色，外被淡黄褐色短刚毛，尤以顶端及基部最密，内有横隔膜，有种子1~5粒；种子椭圆形，种皮暗红色。花期7—8月。

省内分布

仅见于韶关（乳源）。

生境

常绿阔叶林中。

就地保护状况

南岭国家级自然保护区有分布。

茸荚红豆

***Ormosia pachycarpa* Champ. ex Benth.**

别名：青皮婆

科属：豆科红豆属

保护等级：国家二级

濒危等级：NE（IUCN）、VU（《中国生物多样性红色名录》）、NT（《广东高等植物红色名录》）

CITES附录：未收录

识别特征：常绿乔木，树皮灰绿色。小枝、叶柄、叶下面、花序、花萼和荚果密被灰白色棉毛状毡毛，后变为灰色。奇数羽状复叶，小叶2~3对，革质，倒卵状长椭圆形，先端急尖并具短尖头。圆锥花序顶生，长达20 cm；花冠白色。荚果椭圆形或近圆形，肿胀，两端钝圆，毡毛厚约4 mm，无隔膜，有种子1~2粒；种子斜菱状方形或圆形，肥厚，褐红色，有光泽。花期6—7月。

省内分布

梅州（大埔）、江门（新会）、肇庆（鼎湖、封开）等地。

生境

山坡、山谷、溪边的杂木林内。

就地保护状况

鼎湖山国家级自然保护区有分布。

胀荚红豆

Ormosia inflata **Merr. & Chun ex H. Y. Chen**

科属：豆科红豆属

保护等级：国家二级

濒危等级：NE（IUCN、《广东高等植物红色名录》）、VU（《中国生物多样性红色名录》）

CITES附录：未收录

识别特征：常绿乔木，高6~10 m。树皮褐色。枝、叶轴及花序密被锈褐色柔毛。奇数羽状复叶，叶轴在最上部一对小叶处不延长，叶柄、叶轴均密被褐色柔毛；小叶2~3对，长椭圆状倒披针形或长椭圆形，长5~11 cm，宽1.5~3.5 cm，先端尾尖，基部窄楔形。圆锥花序顶生，密被柔毛；花密集，花梗短；花冠白色。果瓣厚革质，外面密被褐色茸毛，内壁光滑，无隔膜，有种子1~2粒；种子近椭圆形或近圆形，稍扁，栗褐色，有光泽，种脐小，长约1 mm。花期5月，果期9—11月。

省内分布

仅见于珠海横琴大窝山。

生境

山坡疏林中。

就地保护状况

珠海横琴大窝山的种群人为干扰较少，保护状况良好。宜开展迁地保护和种质资源保存工作。

紫花红豆

***Ormosia purpureiflora* H. Y. Chen**

科属：豆科红豆属

保护等级：国家二级

省内分布

广东省特有种，仅见于惠州（博罗、龙门）、云浮（罗定）。

生境

生长于常绿阔叶林中。在罗浮山群落中，主要伴生植物有吊钟花、密花树、香楠、五列木、木荷等。

就地保护状况

极小种群野生植物，种群及个体数量稀少。就地保护于南昆山省级自然保护区、罗浮山省级自然保护区。

濒危等级：NE（IUCN）、CR（《中国生物多样性红色名录》）、EN（《广东高等植物红色名录》）

CITES附录：未收录

识别特征：灌木或小乔木，高约3 m。奇数羽状复叶，叶轴在最上部一对小叶处延长6~10 mm生顶小叶，叶柄、叶轴有灰色短毛；小叶5~6对。圆锥花序；花冠紫色。荚果椭圆形或长圆形，长3.5~7.2 cm，宽2~2.3 cm，果瓣薄革质，外面黑色，无毛，内壁有疏松绒毛，具海绵质横隔，有种子2~6粒；种皮红色，种脐椭圆形，有白色环形假种皮及残留珠柄。花期6月。

软荚红豆

Ormosia semicastrata **Hance**

科属：豆科红豆属

保护等级：国家二级

省内分布

在全省均有分布。

生境

溪旁、山谷、山坡杂木林中。

就地保护状况

本种是广东省红豆属分布最广泛的种类，大多数保护地和风水林均有分布，林下常见幼苗，种群更新较为理想。可开展种苗繁育，作为山地造林树种使用。

濒危等级：LC（IUCN、《中国生物多样性红色名录》、《广东高等植物红色名录》）

CITES附录：未收录

识别特征：常绿乔木。小枝具黄色柔毛。小叶3~5对，卵状长椭圆形或椭圆形，革质，两面无毛或有时下面有白粉。圆锥花序顶生；花冠白色。荚果近圆形，稍肿胀，顶端具短喙，果瓣薄革质，内壁无横隔膜，具1粒种子；种子扁圆形，鲜红色。花期4—5月。

亮毛红豆

***Ormosia sericeolucida* H. Y. Chen**

科属：豆科红豆属

保护等级：国家二级

濒危等级：NE（IUCN）、EN（《中国生物多样性红色名录》）、DD（《广东高等植物红色名录》）

CITES附录：未收录

识别特征：常绿乔木。奇数羽状复叶有小叶2~3对，长16~21 cm，叶轴在最上部一对小叶处延长3~7 mm生顶小叶，下面贴生淡黄色绢毛。圆锥花序顶生，长约20 cm，分枝多，密被褐色短柔毛；花冠白色。荚果椭圆形或倒卵形，偏斜，果瓣革质，密被黄褐色短柔毛，内壁无隔膜，有种子1~2粒；种子斜菱方形或倒卵形，压扁，幼嫩时红褐色，成熟时栗褐色，有光泽。花期8月。

省内分布

江门（台山）、阳江（阳春）、云浮（罗定）等地。

生境

山谷、溪旁杂木林中。阳春鹅凰嶂的种群主要伴生植物有粉绿柯、天料木、革叶铁榄、圆籽荷、红枝蒲桃、红楠等。

就地保护状况

阳春鹅凰嶂省级自然保护区有分布，种群数量较大，保护状况良好。

木荚红豆

***Ormosia xylocarpa* Chun ex Merr. & H. Y. Chen**

科属：豆科红豆属

保护等级：国家二级

省内分布

广州（从化）、韶关（曲江、乐昌、南雄、翁源、新丰、乳源）、河源（和平、紫金）、梅州（梅县、大埔、丰顺、五华）、惠州（博罗、龙门）、阳江（阳春）、茂名（信宜）、肇庆（高要、德庆、封开）、清远（连南）、潮州（饶平、潮安）等地。

生境

山坡、山谷、路旁、溪边疏林或密林内。

就地保护状况

鼎湖山国家级自然保护区、阳春鹅凰嶂省级自然保护区、潮安凤凰山省级自然保护区、罗浮山省级自然保护区等均有分布，种群及个体数量较大，保护状况良好。

濒危等级：LC（IUCN、《中国生物多样性红色名录》、《广东高等植物红色名录》）

CITES附录：未收录

识别特征：常绿乔木，高12~20 m。小枝、叶柄和叶轴密被紧贴的褐黄色短柔毛。羽状复叶长11~24.5 cm，具小叶5~7对。圆锥花序顶生；花大，有芳香；花冠白色或粉红色。荚果倒卵形、长椭圆形或菱形，内壁有横隔膜，外面密被黄褐色短毛，具1~5粒种子；种子横椭圆形或近圆形，微扁，红色，光亮。花期6—7月，果期10—11月。

广东蔷薇

***Rosa kwangtungensis* T. T. Yu & H. T. Tsai**

科属：蔷薇科蔷薇属

保护等级：国家二级

省内分布

广州（从化）、深圳、惠州（博罗）、肇庆（鼎湖）等地。

生境

山坡、路旁、河边或灌丛中。

就地保护状况

鼎湖山国家级自然保护区、罗浮山省级自然保护区均有分布。

濒危等级：NE（IUCN）、CR（《中国生物多样性红色名录》）、NT（《广东高等植物红色名录》）

CITES附录：未收录

识别特征：攀援小灌木。有长匍枝，枝条上有皮刺。羽状复叶有小叶5~7对，小叶片椭圆形，边缘有细锐锯齿；托叶大部贴生于叶柄，离生部分披针形，边缘有不规则细锯齿。顶生伞房花序；花瓣白色。果实球形，直径7~10 mm，紫褐色。花期3—5月，果期6—7月。

亮叶月季

Rosa lucidissima **H. Lév.**

科属：蔷薇科蔷薇属

保护等级：国家二级

省内分布

仅见于肇庆（德庆、封开）、清远（连山）。

生境

山坡杂木林中或灌丛中。

就地保护状况

连山笔架山省级自然保护区有分布。

濒危等级：NE（IUCN、《中国生物多样性红色名录》）、DD（《广东高等植物红色名录》）

CITES附录：未收录

识别特征：常绿或半常绿攀援灌木。羽状复叶有小叶3对；小叶片长圆状卵形或长椭圆形，两面无毛；托叶大部贴生，仅顶端分离，无毛，游离部分披针形，边缘有腺。花单生，直径3~3.5 cm；花瓣紫红色。果实梨形或倒卵球形，常呈黑紫色，平滑。花期4—6月，果期5—8月。

大叶榉树

***Zelkova schneideriana* Hand.-Mazz.**

科属：榆科榉属

保护等级：国家二级

濒危等级：VU（IUCN）、NT（《中国生物多样性红色名录》《广东高等植物红色名录》）

CITES附录：未收录

识别特征：乔木。树皮灰褐色至深灰色，呈不规则的片状剥落。叶厚纸质，大小形状变异很大，卵形至椭圆状披针形，先端渐尖、尾状渐尖或锐尖，基部稍偏斜，圆形、宽楔形或稀浅心形。雄花1~3朵簇生于叶腋，雌花或两性花常单生于小枝上部叶腋。核果。花期4月，果期9—11月。

省内分布

韶关（乐昌、乳源）、清远（连州、连南）等地。

生境

中等喜光植物。喜温暖气候和肥沃湿润土壤，常生于溪间水旁或山坡土层较厚的疏林中。

就地保护状况

南岭国家级自然保护区有分布。

华南锥

Castanopsis concinna (Champ. ex Benth.) A. DC.

科属：壳斗科锥属

保护等级：国家二级

濒危等级：VU（IUCN、《广东高等植物红色名录》）、NE（《中国生物多样性红色名录》）

CITES附录：未收录

识别特征：乔木。叶革质，硬而脆，椭圆形或长圆形。雄穗状花序通常单穗腋生，或为圆锥花序；雌花序长5~10 cm。果序长4~8 cm；壳斗有1粒坚果，壳斗圆球形，刺长1~2 cm，下部合生成刺束，将壳壁完全遮蔽；坚果扁圆锥形。花期4—5月，果期翌年9—10月。

省内分布

广州、梅州（平远）、江门（台山）、阳江（阳春）、茂名（信宜）、肇庆（广宁）、清远（英德、连山）等地。

生境

红壤丘陵坡地常绿阔叶林中。

就地保护状况

阳春鹅凰嶂省级自然保护区、江门古兜山省级自然保护区均有分布。

合柱金莲木

***Sauvagesia rhodoleuca* (Diels) M. C. E. Amaral**

科属：金莲木科蒴莲木属

保护等级：国家二级

省内分布

肇庆（德庆、封开、怀集）、清远（连山）等地。

生境

低山土层深厚、肥沃、湿润的山谷涧边林下。

就地保护状况

封开黑石顶省级自然保护区、怀集三岳省级自然保护区、连山笔架山省级自然保护区等均有分布，保护状况良好。

濒危等级：NE（IUCN）、CR（《中国生物多样性红色名录》）、VU（《广东高等植物红色名录》）

CITES附录：未收录

识别特征：直立小灌木。茎常单生或近顶部分叉。叶薄纸质，狭披针形或狭椭圆形，两端渐尖，边缘有密而不相等的腺状锯齿。圆锥花序较狭；花少数，具细长柄；花瓣椭圆形，白色。蒴果卵球形，熟时3瓣裂；种子椭圆形。花期4—5月，果期6—7月。

伞花木

Eurycorymbus cavaleriei **(H. Lév.)Rehder & Hand.-Mazz.**

科属：无患子科伞花木属

保护等级：国家二级

濒危等级：NT（IUCN）、LC（《中国生物多样性红色名录》）、VU（《广东高等植物红色名录》）

CITES附录：未收录

识别特征：落叶乔木。叶轴被皱曲柔毛；小叶4~10对，近对生，长圆状披针形或长圆状卵形。花序半球状，主轴和呈伞房状排列的分枝均被短绒毛；花芳香。蒴果，被绒毛；种子黑色。花期5—6月，果期10月。

省内分布

韶关（乐昌、始兴、翁源、乳源）、河源（和平、紫金）、梅州（平远、大埔）、清远（英德、连州、连山、阳山）等地。

生境

阔叶林中。

就地保护状况

南岭国家级自然保护区、车八岭国家级自然保护区等均有分布。

红椿

***Toona ciliata* M. Roem.**

科属：楝科香椿属

保护等级：国家二级

濒危等级：LC（IUCN）、NT（《中国生物多样性红色名录》《广东高等植物红色名录》）

CITES附录：未收录

识别特征：乔木。小枝有稀疏的苍白色皮孔。叶为偶数或奇数羽状复叶，通常有小叶7~8对；小叶对生或近对生，长圆状卵形或披针形，先端尾状渐尖，叶片基部不等边，全缘。圆锥花序顶生；花瓣白色，长圆形。蒴果长椭圆形，木质；种子两端具翅。花期4—6月，果期10—12月。

省内分布

珠海、韶关（曲江、乐昌、始兴、乳源）、梅州（五华）、惠州（博罗、惠东）、东莞、阳江（阳春）、茂名（信宜）、肇庆（鼎湖）、云浮等地。

生境

低海拔沟谷林中或山坡疏林中。

就地保护状况

鼎湖山国家级自然保护区、阳春鹅凰嶂省级自然保护区等均有分布。

丹霞梧桐

***Firmiana danxiaensis* H. H. Hsue & H. S. Kiu**

科属：锦葵科梧桐属

保护等级：国家二级

省内分布

韶关（南雄、仁化、始兴）、清远（英德、清新）。

生境

丹霞地貌的石壁上。

就地保护状况

丹霞山国家级自然保护区、石门台国家级自然保护区、清新白湾省级自然保护区等均有分布。

濒危等级：NE（IUCN）、NT（《中国生物多样性红色名录》）、EN（《广东高等植物红色名录》）

CITES附录：未收录

识别特征：乔木。小枝无毛。叶片近圆形，薄革质，无毛，基生脉7条，基部心形，边缘全缘或在先端3裂。花序圆锥状；多花，密被黄色星状绒毛；花萼紫色，近基部分裂，背面密被黄色柔毛。种子黄棕色，球状。花期3—5月，果期5—7月。

土沉香

Aquilaria sinensis **(Lour.) Spreng.**

科属：瑞香科沉香属

保护等级：国家二级

濒危等级：VU（IUCN、《广东高等植物红色名录》）、EN（《中国生物多样性红色名录》）

CITES附录：附录Ⅱ

识别特征：乔木。叶革质，圆形、椭圆形至长圆形，侧脉纤细，近平行。花芳香，黄绿色，多朵，组成伞形花序。蒴果果梗短，卵球形，顶端具短尖头，密被黄色短柔毛；种子褐色，卵球形，疏被柔毛，基部有附属物。花期春夏季，果期夏秋季。

省内分布

广州、深圳、珠海、韶关（新丰）、惠州（惠东、博罗）、东莞、中山、江门（新会、开平、鹤山、恩平）、阳江（阳春）、茂名（信宜、高州）、肇庆。

生境

低海拔的山地、丘陵及路边阳处疏林中，常见于次生林或风水林中。

就地保护状况

中山香山省级自然保护区、阳春鹅凰嶂省级自然保护区等均有分布。

伯乐树

***Bretschneidera sinensis* Hemsl.**

科属：叠珠树科伯乐树属

保护等级：国家二级

濒危等级：EN（IUCN）、NT（《中国生物多样性红色名录》《广东高等植物红色名录》）

CITES附录：未收录

识别特征：乔木。树皮灰褐色。羽状复叶，小叶7~15片，狭椭圆形，全缘；叶脉在叶背明显。总花梗、花梗、花萼外面有棕色短绒毛；花淡红色；花萼顶端具短的5齿，花瓣阔匙形或倒卵楔形。果椭圆球形、近球形或阔卵形；种子椭圆球形，平滑。花期3—9月，果期5月至翌年4月。

省内分布

广州（从化）、韶关（曲江、乐昌、始兴、新丰、乳源）、河源（紫金）、惠州（龙门）、茂名（信宜）、肇庆（封开、怀集）、清远（连州、连南、阳山）、云浮（新兴）等地。

生境

中低海拔的山地林中。

就地保护状况

省内各自然保护地有零星分布，南岭国家级自然保护区的种群数量较大。

猪血木

***Euryodendron excelsum* H. T. Chang**

科属：五列木科猪血木属

保护等级：国家一级

省内分布

广东省特有种，仅见于阳江（阳春）。

生境

村旁疏林中。

就地保护状况

极小种群野生植物。为五列木科的单种属植物，应予重点关注及优先保护。目前，猪血木野生植株个体数量稀少，现仅残存一个种群，个体数量约200株，已建立自然保护小区进行就地保护。

濒危等级：CR（IUCN、《中国生物多样性红色名录》、《广东高等植物红色名录》）

CITES附录：未收录

识别特征：常绿乔木。叶互生，长圆形或长圆状椭圆形。花簇生于叶腋或生于无叶的小枝上，白色。果为浆果状，卵球形，萼片宿存；种子圆肾形，褐色。花期8—10月，果期10月至翌年1月。

紫荆木

Madhuca pasquieri **(Dubard) H. J. Lam**

科属：山榄科紫荆木属

保护等级：国家二级

濒危等级：VU（IUCN、《中国生物多样性红色名录》、《广东高等植物红色名录》）

CITES附录：未收录

识别特征：乔木。树皮灰黑色，具乳汁。叶互生，星散或密聚于分枝顶端，革质，倒卵形或倒卵状长圆形，边缘外卷。花数朵簇生叶腋；花冠黄绿色。果椭球形或球形，基部具宿萼，先端具宿存、花后延长的花柱，果皮肥厚；种子椭球形。花期7—9月，果期10月至翌年1月。

省内分布

梅州（平远）、江门（恩平）、阳江（阳春）、茂名（信宜）、肇庆（鼎湖、广宁、封开）等地。

生境

混交林中或山地林缘。

就地保护状况

极小种群野生植物。在鼎湖山国家级自然保护区、云开山国家级自然保护区、阳春鹅凰嶂省级自然保护区、封开黑石顶省级自然保护区、恩平七星坑省级自然保护区等均有分布，保护状况良好。

圆籽荷

***Apterosperma oblata* H. T. Chang**

科属：山茶科圆籽荷属

保护等级：国家二级

濒危等级：CR（IUCN）、VU(《中国生物多样性红色名录》《广东高等植物红色名录》)

CITES附录：未收录

识别特征：灌木至小乔木。叶聚生于枝顶，狭椭圆形或长圆形。花浅黄色，顶生或腋生，有花5~9朵，排成总状花序。蒴果扁球形；种子褐色，无翅。花期5—6月，果期7—9月。

省内分布

江门（恩平）、阳江（阳春）、茂名（信宜）。

生境

喜光植物，喜生于富含腐殖质的赤红土壤中。

就地保护状况

云开山国家级自然保护区、阳春鹅凰嶂省级自然保护区、恩平七星坑省级自然保护区均有分布。

杜鹃红山茶

Camellia azalea C. F. Wei

科属：山茶科山茶属

保护等级：国家一级

濒危等级：CR（IUCN、《中国生物多样性红色名录》、《广东高等植物红色名录》）

CITES附录：未收录

识别特征：常绿灌木或小乔木。叶片狭长倒卵形或披针形，半肉质。花朵密生，直立；花瓣倒卵形、心状或披针形，红色。蒴果卵球形。花期4—12月，果期9—12月。

省内分布

广东省特有种，仅见于阳江（阳春）。

生境

仅见于阳春市河尾山长度约4 km溪流两岸向阳处，适宜生长在排水良好、土壤偏酸的砂壤土中。

就地保护状况

极小种群野生植物。就地保护于阳春鹅凰嶂省级自然保护区，总分布范围小于100 km^2，成熟个体数量约1000株。

大叶茶

***Camellia sinensis* var. *assamica* (Choisy) Kitam.**

科属：山茶科山茶属

保护等级：国家二级

濒危等级：DD（IUCN）、NE（《中国生物多样性红色名录》）、LC（《广东高等植物红色名录》）

CITES附录：未收录

识别特征：乔木。嫩枝有微毛，顶芽有白柔毛。叶薄革质，椭圆形，侧脉8~9对，在上面明显，在下面突起，边缘有细锯齿；叶柄5~7 mm，被柔毛。花腋生；花柄长6~8 mm，被柔毛；萼片5片，近圆形；花瓣6~7片，倒卵形，无毛；雄蕊多数，离生，无毛；子房3室，被茸毛。蒴果扁三角球形，直径约2 cm，3爿裂开；种子每室1个，近圆形，直径1 cm。花期12月。

省内分布

散见于广东北部和西北部各县（市、区）。

生境

常绿阔叶林中。

就地保护状况

省内各自然保护地均有零星分布，连山笔架山省级自然保护区的种群数量较大。

棱果秤锤树

Sinojackia henryi (Dümmer) Merr.

科属：安息香科秤锤树属

保护等级：国家二级

濒危等级：NE（IUCN）、DD（《中国生物多样性红色名录》）、NT（《广东高等植物红色名录》）

CITES附录：未收录

识别特征：灌木或小乔木。叶纸质，椭圆形或倒卵状椭圆形。花序长3~5 cm，有3~6朵花；花白色，常下垂；花梗纤细，长1.2~1.5 cm。果长椭圆形，稍弯，连圆锥状喙长3~4 cm，径4~6 mm，具8~12棱，有浅褐色皮孔和稀疏星状毛；种子1粒，褐色。花期3—4月，果期6—7月。

省内分布

仅见于韶关（乐昌）。

生境

海拔100 m左右的山谷河边林中。

就地保护状况

就地保护状况信息不详。本种除了模式标本，未在野外再次采集到标本。当务之急要调查其居群和个体情况，再开展扩繁、迁地保护和近地保护等工作。

狭果秤锤树

Sinojackia rehderiana Hu

科属：安息香科秤锤树属

保护等级：国家二级

濒危等级：NE（IUCN）、EN（《中国生物多样性红色名录》）、NT（《广东高等植物红色名录》）

CITES附录：未收录

识别特征：小乔木或灌木。叶纸质，倒卵状椭圆形或椭圆形，边缘具硬质锯齿，嫩叶两面均密被星状短柔毛。总状聚伞花序疏松；花4~6朵，生于侧生小枝顶端；花白色；花梗长达2 cm，花梗和花序梗均纤细而弯垂，疏被灰色星状短柔毛。果实椭圆形，圆柱状，具长渐尖的喙，连喙长2~2.5 cm，宽10~12 mm，下部渐狭，褐色，有浅棕色皮孔；种子1粒，长圆柱形，褐色。花期4—5月，果期7—9月。

省内分布

见于韶关（乐昌、乳源），资源稀少。

生境

林中或灌丛中。

就地保护状况

本种仅分布在粤北地区，分布范围狭窄。目前缺乏其保护状况的信息，宜先摸清其居群和个体情况，再开展扩繁、迁地保护和近地保护等工作。

绣球茜

***Dunnia sinensis* Tutcher**

科属：茜草科绣球茜属

保护等级：国家二级

濒危等级：NE（IUCN）、LC（《中国生物多样性红色名录》）、NT（《广东高等植物红色名录》）

CITES附录：未收录

识别特征：灌木。叶纸质或革质，披针形或倒披针形，基部渐狭，常下延，边缘常反卷；侧脉密。花序有疏短柔毛；花萼有疏短柔毛，裂片短；变态的花萼裂片白色，大，卵形或椭圆形；花冠黄色。蒴果近球形；种子多数，扁平，周围有膜质的阔翅。花、果期4—11月。

省内分布

广东省特有种，见于广州（从化）、珠海、惠州（龙门）、中山、江门（新会、台山）、阳江（阳春）、茂名（电白）等地。

生境

山谷溪边灌丛、山坡或石壁上。

就地保护状况

种群大部分分布在自然保护区，其中江门古兜山省级自然保护区的种群数量较大。

香果树

Emmenopterys henryi Oliv.

科属：茜草科香果树属

保护等级：国家二级

省内分布

韶关（乐昌）、清远（连州）。

生境

山谷林中，喜湿润而肥沃的土壤。

就地保护状况

连州田心省级自然保护区有分布。

濒危等级：NE（IUCN）、NT（《中国生物多样性红色名录》）、VU（《广东高等植物红色名录》）

CITES附录：未收录

识别特征：落叶乔木。叶纸质或革质，阔椭圆形、阔卵形或卵状椭圆形。圆锥状聚伞花序顶生；花芳香；萼管裂片近圆形，具缘毛，脱落，变态的叶状萼裂片白色、淡红色或淡黄色；花冠漏斗形，白色或黄色，被黄白色绒毛。蒴果长圆状卵形或近纺锤形；种子多数，小而有阔翅。花期6—8月，果期8—11月。

巴戟天

Morinda officinalis F. C. How

科属：茜草科巴戟天属

保护等级：国家二级

省内分布

散见于全省各地。

生境

山地疏、密林下和灌丛中。

就地保护状况

省内各自然保护地有零星分布。本种为著名的传统南药，具滋补功效，经济价值高，极易遭到采挖，野外种群数量急剧减少。宜对自然保护地内的种群加大保护力度。

濒危等级：NE（IUCN）、CR（《中国生物多样性红色名录》）、EN（《广东高等植物红色名录》）

CITES附录：未收录

识别特征：藤本。肉质根不定位肠状缢缩。叶薄或稍厚，纸质。花序有3~7个伞形排列于枝顶；头状花序；花冠白色，近钟状，稍肉质。聚花核果由多花或单花发育而成，熟时红色，扁球形或近球形；核果具分核，果柄极短；种子熟时黑色。花期5—7月，果熟期10—11月。

驼峰藤

***Merrillanthus hainanensis* Chun & Tsiang**

科属：夹竹桃科驼峰藤属

保护等级：国家二级

濒危等级：NE（IUCN）、EN（《中国生物多样性红色名录》《广东高等植物红色名录》）

CITES附录：未收录

识别特征：木质藤本。叶膜质，卵圆形。聚伞花序腋生；花蕾圆球状；花冠裂片的顶端向内黏合；花萼裂片卵圆形；花冠黄色，辐射状或近辐射状；副花冠5裂，肉质，着生于合蕊冠上。蓇葖单生，纺锤状；种子卵圆形或近圆形，基部圆形，顶端具白色绢质种毛。花期3—4月，果期5—6月。

省内分布

中山、江门（新会）、肇庆（高要）等地。

生境

低海拔至中海拔的山地林谷中。

就地保护状况

本种就地保护于中山香山省级自然保护区，建议开展苗木繁育和野外回归，扩大野外种群规模。

毛柄木犀

Osmanthus pubipedicellatus **L. C. Chia ex Hung T. Chang**

科属：木犀科木犀属

保护等级：国家二级

省内分布

广东省特有种，仅见于梅州（大埔）。

生境

山坡上的沙土中。

就地保护状况

极小种群野生植物。2023年野外调查仅发现11株成熟个体。未在自然保护地范围内，建议加强就地保护、迁地保护，繁育种质资源，适时开展野外回归，做好资源利用。

濒危等级：NE（IUCN）、CR（《中国生物多样性红色名录》《广东高等植物红色名录》）

CITES附录：未收录

识别特征：常绿灌木，高约3 m。小枝灰黄色，幼枝黄白色，被柔毛。叶片厚革质，全缘，狭椭圆形；叶柄长1.2~1.5 cm，被柔毛，尤以凹陷处为多。聚伞花序成簇腋生；花芳香；花冠白色，花冠管长约1 mm，裂片长约1.5 mm。果近圆柱形，成熟时紫红色。

报春苣苔

***Primulina tabacum* Hance**

科属：苦苣苔科报春苣苔属

保护等级：国家二级

濒危等级：NE（IUCN）、LC（《中国生物多样性红色名录》）、EN（《广东高等植物红色名录》）

CITES附录：未收录

识别特征：多年生草本。叶均基生，具长或短柄；叶片圆卵形或正三角形，基部浅心形，两面均被短柔毛。聚伞花序伞状；花冠紫色，外面和内面均被短柔毛；檐部平展，不明显二唇形。蒴果长椭圆球形；种子暗紫色，狭椭圆球形。花期8—10月。

省内分布

韶关（乐昌）、清远（连州、阳山）等地。

生境

海拔约300 m的石灰岩山洞口或山地沟谷疏林的石上。

就地保护状况

本种为连州田心省级自然保护区主要保护对象。中国科学院华南植物园在连州田心省级自然保护区开展了报春苣苔的野外回归工作，取得了良好的成效。建议加强对回归效果的长期监测，继续扩大野外种群规模。

扣树

Ilex kaushue **S. Y. Hu**

科属：冬青科冬青属

保护等级：国家二级

濒危等级：EN（IUCN）、DD（《中国生物多样性红色名录》）、NT（《广东高等植物红色名录》）

CITES附录：未收录

识别特征：常绿乔木。小枝被微柔毛。叶长圆形或长圆状椭圆形，具重锯齿或粗锯齿；叶柄长2~2.2 cm，被微柔毛。聚伞状圆锥花序或假总状花序生于当年生枝叶腋内。果球形，直径9~12 mm，成熟时红色，分核4个，具网状条纹及沟，侧面多皱及洼点。花期5—6月，果期9—10月。

省内分布

见于韶关（乳源）、梅州（大埔）、肇庆（鼎湖）、清远（英德）等地，资源稀少。

生境

常绿阔叶林中。

就地保护状况

极小种群野生植物。第二次全国重点保护野生植物资源调查结果显示：本种仅在乳源瑶族自治县东坪镇发现有野生分布，数量5株。原有记载有确切分布的大埔县未发现本种。已被《“十四五”全国极小种群野生植物拯救保护建设方案》确定为拯救保护对象之一。宜加强就地保护，建立自然保护小区，开展苗木繁育，适时开展野外回归，扩大种群规模。

苦梓

Gmelina hainanensis **Oliv.**

别名：海南石梓

科属：唇形科石梓属

保护等级：国家二级

省内分布

广州（从化）、珠海、韶关（乳源）、江门（新会、台山）、阳江（阳春）等地。

生境

山坡疏林中。

就地保护状况

江门古兜山省级自然保护区、阳春鹅凰嶂省级自然保护区等均有分布。

濒危等级：VU（IUCN）、LC（《中国生物多样性红色名录》《广东高等植物红色名录》）

CITES附录：未收录

识别特征：乔木，高约15 m。树干直，树皮灰褐色，呈片状脱落；枝条有明显的叶痕和皮孔。叶对生，卵形或宽卵形，全缘，基生脉三出。聚伞花序排成顶生圆锥花序；花萼钟状，呈二唇形，顶端5裂；花冠漏斗状，黄色或淡紫红色，呈二唇形，下唇3裂，中裂片较长，上唇2裂；二强雄蕊，长雄蕊和花柱稍伸出花冠管外，花丝扁。核果倒卵形，顶端截平，肉质。花期5—6月，果期6—9月。

国家重点保护野生植物名录

中文名	学名	保护级别		备注	广东省分布情况
苔藓植物 Bryophytes					
白发藓科	**Leucobryaceae**				
桧叶白发藓	*Leucobryum juniperoideum*		二级		√
泥炭藓科	**Sphagnaceae**				
多纹泥炭藓*	*Sphagnum multifibrosum*		二级		√
粗叶泥炭藓*	*Sphagnum squarrosum*		二级		
藻苔科	**Takakiaceae**				
角叶藻苔	*Takakia ceratophylla*		二级		
藻苔	*Takakia lepidozioides*		二级		
石松类和蕨类植物 Lycophytes and Ferns					
石松科	**Lycopodiaceae**				
石杉属（所有种）	*Huperzia* spp.		二级		√
马尾杉属（所有种）	*Phlegmariurus* spp.		二级		√
水韭科	**Isoëtaceae**				
水韭属（所有种）*	*Isoëtes* spp.	一级			√
瓶尔小草科	**Ophioglossaceae**				
七指蕨	*Helminthostachys zeylanica*		二级		√
带状瓶尔小草	*Ophioglossum pendulum*		二级		
合囊蕨科	**Marattiaceae**				
观音座莲属（所有种）	*Angiopteris* spp.		二级		√

（续表）

中文名	学名	保护级别		备注	广东省分布情况
天星蕨	*Christensenia assamica*		二级	Flora of China使用*Christensenia aesculifolia*	
金毛狗科	**Cibotiaceae**				
金毛狗属（所有种）	*Cibotium* spp.		二级	其他常用中文名：金毛狗蕨属	√
桫椤科	**Cyatheaceae**				
桫椤科（所有种，小黑桫椤和粗齿桫椤除外）	Cyatheaceae spp. (excl. *Alsophila metteniana* & *A. denticulata*)		二级		√
凤尾蕨科	**Pteridaceae**				
荷叶铁线蕨*	*Adiantum nelumboides*	一级			
水蕨属（所有种）*	*Ceratopteris* spp.		二级		√
冷蕨科	**Cystopteridaceae**				
光叶蕨	*Cystopteris chinensis*	一级			
铁角蕨科	**Aspleniaceae**				
对开蕨	*Asplenium komarovii*		二级		
乌毛蕨科	**Blechnaceae**				
苏铁蕨	*Brainea insignis*		二级		√
水龙骨科	**Polypodiaceae**				
鹿角蕨	*Platycerium wallichii*		二级	其他常用中文名：绿孢鹿角蕨	

（续表）

中文名	学名	保护级别		备注	广东省分布情况
裸子植物 Gymnosperms					
苏铁科	**Cycadaceae**				
苏铁属（所有种）	*Cycas* spp.	一级			√
银杏科	**Ginkgoaceae**				
银杏	*Ginkgo biloba*	一级			
罗汉松科	**Podocarpaceae**				
罗汉松属（所有种）	*Podocarpus* spp.		二级		√
柏科	**Cupressaceae**				
翠柏	*Calocedrus macrolepis*		二级		
岩生翠柏	*Calocedrus rupestris*		二级		
红桧	*Chamaecyparis formosensis*		二级		
岷江柏木	*Cupressus chengiana*		二级		
巨柏	*Cupressus gigantea*	一级			
西藏柏木	*Cupressus torulosa*	一级			
福建柏	*Fokienia hodginsii*		二级		√
水松	*Glyptostrobus pensilis*	一级			√
水杉	*Metasequoia glyptostroboides*	一级			
台湾杉（秃杉）	*Taiwania cryptomerioides*		二级	包括 *Taiwania flousiana*	
朝鲜崖柏	*Thuja koraiensis*		二级		
崖柏	*Thuja sutchuenensis*	一级			
越南黄金柏	*Xanthocyparis vietnamensis*		二级		

（续表）

中文名	学名	保护级别		备注	广东省分布情况
红豆杉科	**Taxaceae**				
穗花杉属（所有种）	*Amentotaxus* spp.		二级		√
海南粗榧	*Cephalotaxus hainanensis*		二级		√
贡山三尖杉	*Cephalotaxus lanceolata*		二级		
篦子三尖杉	*Cephalotaxus oliveri*		二级		√
白豆杉	*Pseudotaxus chienii*		二级		√
红豆杉属（所有种）	*Taxus* spp.	一级			√
榧树属（所有种）	*Torreya* spp.		二级		
松科	**Pinaceae**				
百山祖冷杉	*Abies beshanzuensis*	一级			
资源冷杉	*Abies beshanzuensis* var. *ziyuanensis*	一级			
秦岭冷杉	*Abies chensiensis*		二级		
梵净山冷杉	*Abies fanjingshanensis*	一级			
元宝山冷杉	*Abies yuanbaoshanensis*	一级			
银杉	*Cathaya argyrophylla*	一级			
油杉属（所有种，铁坚油杉、云南油杉、油杉除外）	*Keteleeria* spp. (excl. *K. davidiana* var. *davidiana*, *K. evelyniana* & *K. fortunei*)		二级		√
大果青扦	*Picea neoveitchii*		二级		

（续表）

中文名	学名	保护级别		备注	广东省分布情况
大别山五针松	*Pinus dabeshanensis*	一级		其他常用学名：*Pinus armandii* var. *dabeshanensis*, *Pinus fenzeliana* var. *dabeshanensis*	
兴凯赤松	*Pinus densiflora* var. *ussuriensis*		二级		
红松	*Pinus koraiensis*		二级		
华南五针松	*Pinus kwangtungensis*		二级		√
雅加松	*Pinus massoniana* var. *hainanensis*		二级		
巧家五针松	*Pinus squamata*	一级			
长白松	*Pinus sylvestris* var. *sylvestriformis*		二级		
毛枝五针松	*Pinus wangii*	一级			
金钱松	*Pseudolarix amabilis*		二级		
黄杉属（所有种）	*Pseudotsuga* spp.		二级		
麻黄科	**Ephedraceae**				
斑子麻黄	*Ephedra rhytidosperma*		二级		
被子植物 Angiosperms					
莼菜科	**Cabombaceae**				
莼菜*	*Brasenia schreberi*		二级		√
睡莲科	**Nymphaeaceae**				
雪白睡莲*	*Nymphaea candida*		二级		

（续表）

中文名	学名	保护级别		备注	广东省分布情况
五味子科	**Schisandraceae**				
地枫皮	*Illicium difengpi*		二级	属的系统学位置发生变动	
大果五味子	*Schisandra macrocarpa*		二级		
马兜铃科	**Aristolochiaceae**				
囊花马兜铃	*Aristolochia utriformis*		二级		
金耳环	*Asarum insigne*		二级		√
马蹄香	*Saruma henryi*		二级		
肉豆蔻科	**Myristicaceae**				
风吹楠属（所有种）	*Horsfieldia* spp.		二级		√
云南肉豆蔻	*Myristica yunnanensis*		二级		
木兰科	**Magnoliaceae**				
长蕊木兰	*Alcimandra cathcartii*		二级		
厚朴	*Houpoëa officinalis*		二级	包括种下等级，凹叶厚朴并入本种	
长喙厚朴	*Houpoëa rostrata*		二级	其他常用学名：*Magnolia rostrata*	
大叶木兰	*Lirianthe henryi*		二级	其他常用学名：*Magnolia henryi*	
馨香玉兰（馨香木兰）	*Lirianthe odoratissima*		二级	其他常用学名：*Magnolia odoratissima*	

（续表）

中文名	学名	保护级别		备注	广东省分布情况
鹅掌楸（马褂木）	*Liriodendron chinense*		二级		
香木莲	*Manglietia aromatica*		二级		
大叶木莲	*Manglietia dandyi*		二级		
落叶木莲	*Manglietia decidua*		二级		
大果木莲	*Manglietia grandis*		二级		
厚叶木莲	*Manglietia pachyphylla*		二级		√
毛果木莲	*Manglietia ventii*		二级		
香子含笑（香籽含笑）	*Michelia hypolampra*		二级		
广东含笑	*Michelia guangdongensis*		二级		√
石碌含笑	*Michelia shiluensis*		二级		
峨眉含笑	*Michelia wilsonii*		二级		
圆叶天女花（圆叶玉兰）	*Oyama sinensis*		二级	其他常用学名：*Magnolia sinensis*	
西康天女花（西康玉兰）	*Oyama wilsonii*		二级	其他常用学名：*Magnolia wilsonii*	
华盖木	*Pachylarnax sinica*	一级			
峨眉拟单性木兰	*Parakmeria omeiensis*	一级			
云南拟单性木兰	*Parakmeria yunnanensis*		二级		
合果木	*Paramichelia baillonii*		二级	其他常用学名：*Michelia baillonii*	

（续表）

中文名	学名	保护级别		备注	广东省分布情况
焕镛木（单性木兰）	*Woonyoungia septentrionalis*	一级			
宝华玉兰	*Yulania zenii*		二级	其他常用学名：*Magnolia zenii*	
番荔枝科	**Annonaceae**				
蕉木	*Chieniodendron hainanense*		二级	其他常用学名：*Meiogyne hainanensis*	
文采木	*Wangia saccopetaloides*		二级	其他常用中文名：囊瓣亮花木、亮花假鹰爪	
蜡梅科	**Calycanthaceae**				
夏蜡梅	*Calycanthus chinensis*		二级		
莲叶桐科	**Hernandiaceae**				
莲叶桐	*Hernandia nymphaeifolia*		二级		
樟科	**Lauraceae**				
油丹	*Alseodaphne hainanensis*		二级		
皱皮油丹	*Alseodaphne rugosa*		二级		
茶果樟	*Cinnamomum chago*		二级		
天竺桂	*Cinnamomum japonicum*		二级	其他常用中文名：普陀樟	
油樟	*Cinnamomum longepaniculatum*		二级		
卵叶桂	*Cinnamomum rigidissimum*		二级		√
润楠	*Machilus nanmu*		二级		

（续表）

中文名	学名	保护级别		备注	广东省分布情况
舟山新木姜子	*Neolitsea sericea*		二级		
闽楠	*Phoebe bournei*		二级		√
浙江楠	*Phoebe chekiangensis*		二级		
细叶楠	*Phoebe hui*		二级		
楠木	*Phoebe zhennan*		二级		
孔药楠	*Sinopora hongkongensis*		二级	其他常用学名：*Syndiclis hongkongensis*	
泽泻科	**Alismataceae**				
拟花蔺*	*Butomopsis latifolia*		二级		
长喙毛茛泽泻*	*Ranalisma rostrata*		二级		
浮叶慈姑*	*Sagittaria natans*		二级		
水鳖科	**Hydrocharitaceae**				
高雄茨藻*	*Najas browniana*		二级		
海菜花属（所有种）*	*Ottelia* spp.		二级	其他常用中文名：水车前属	√
冰沼草科	**Scheuchzeriaceae**				
冰沼草*	*Scheuchzeria palustris*		二级		
翡若翠科	**Velloziaceae**				
芒苞草	*Acanthochlamys bracteata*		二级		
藜芦科	**Melanthiaceae**				
重楼属（所有种，北重楼除外）*	*Paris* spp. (excl. *P. verticillata*)		二级		√

（续表）

中文名	学名	保护级别		备注	广东省分布情况
百合科	**Liliaceae**				
荞麦叶大百合*	*Cardiocrinum cathayanum*		二级		
贝母属（所有种）*	*Fritillaria* spp.		二级		
秀丽百合*	*Lilium amabile*		二级		
绿花百合*	*Lilium fargesii*		二级		
乳头百合*	*Lilium papilliferum*		二级		
天山百合*	*Lilium tianschanicum*		二级		
青岛百合*	*Lilium tsingtauense*		二级		
郁金香属（所有种）*	*Tulipa* spp.		二级		
兰科	**Orchidaceae**				
香花指甲兰	*Aerides odorata*		二级		
金线兰属（所有种）*	*Anoectochilus* spp.		二级	其他常用中文名：开唇兰属	√
白及*	*Bletilla striata*		二级		√
美花卷瓣兰	*Bulbophyllum rothschildianum*		二级		
独龙虾脊兰	*Calanthe dulongensis*		二级		
大黄花虾脊兰	*Calanthe striata* var. *sieboldii*	一级		其他常用学名：*Calanthe sieboldii*	
独花兰	*Changnienia amoena*		二级		
大理铠兰	*Corybas taliensis*		二级		
杜鹃兰	*Cremastra appendiculata*		二级		√

（续表）

中文名	学名	保护级别		备注	广东省分布情况
兰属（所有种，被列入一级保护的美花兰和文山红柱兰除外。兔耳兰未列入名录）	*Cymbidium* spp. (excl. *C. insigne*, *C. wenshanense*, *C. lancifolium*)		二级		√
美花兰	*Cymbidium insigne*	一级			
文山红柱兰	*Cymbidium wenshanense*	一级			
杓兰属（所有种，被列入一级保护的暖地杓兰除外。离萼杓兰未列入名录）	*Cypripedium* spp. (excl. *C. subtropicum*, *C. plectrochilum*)		二级		
暖地杓兰	*Cypripedium subtropicum*	一级		包括 *Cypripedium singchii*	
丹霞兰属（所有种）	*Danxiaorchis* spp.		二级		√
石斛属（所有种，被列入一级保护的曲茎石斛和霍山石斛除外）*	*Dendrobium* spp. (excl. *D. flexicaule*, *D. huoshanense*)		二级		√
曲茎石斛*	*Dendrobium flexicaule*	一级			
霍山石斛*	*Dendrobium huoshanense*	一级			
原天麻*	*Gastrodia angusta*		二级		
天麻*	*Gastrodia elata*		二级		

（续表）

中文名	学名	保护级别		备注	广东省分布情况
手参*	*Gymnadenia conopsea*		二级		
西南手参*	*Gymnadenia orchidis*		二级		
血叶兰	*Ludisia discolor*		二级		√
兜兰属（所有种，被列入二级保护的带叶兜兰和硬叶兜兰除外）	*Paphiopedilum* spp. (excl. *P. hirsutissimum, P. micranthum*)	一级			√
带叶兜兰	*Paphiopedilum hirsutissimum*		二级		
硬叶兜兰	*Paphiopedilum micranthum*		二级		
海南鹤顶兰	*Phaius hainanensis*		二级		
文山鹤顶兰	*Phaius wenshanensis*		二级		
罗氏蝴蝶兰	*Phalaenopsis lobbii*		二级		
麻栗坡蝴蝶兰	*Phalaenopsis malipoensis*		二级		
华西蝴蝶兰	*Phalaenopsis wilsonii*		二级		
象鼻兰	*Phalaenopsis zhejiangensis*	一级			
独蒜兰属（所有种）	*Pleione* spp.		二级		√
火焰兰属（所有种）	*Renanthera* spp.		二级		
钻喙兰	*Rhynchostylis retusa*		二级		
大花万代兰	*Vanda coerulea*		二级		
深圳香荚兰	*Vanilla shenzhenica*		二级		√
鸢尾科	**Iridaceae**				
水仙花鸢尾*	*Iris narcissiflora*		二级		

（续表）

中文名	学名	保护级别		备注	广东省分布情况
天门冬科	**Asparagaceae**				
海南龙血树	*Dracaena cambodiana*		二级	其他常用中文名：柬埔寨龙血树	
剑叶龙血树	*Dracaena cochinchinensis*		二级		
兰花蕉科	**Lowiaceae**				
海南兰花蕉	*Orchidantha insularis*		二级		
云南兰花蕉	*Orchidantha yunnanensis*		二级		
姜科	**Zingiberaceae**				
海南豆蔻*	*Amomum hainanense*		二级		
宽丝豆蔻*	*Amomum petaloideum*		二级	其他常用中文名：拟豆蔻；其他常用学名：*Paramomum petaloideum*	
细莪术*	*Curcuma exigua*		二级		
茴香砂仁	*Etlingera yunnanensis*		二级		
长果姜	*Siliquamomum tonkinense*		二级		
棕榈科	**Arecaceae**				
董棕	*Caryota obtusa*		二级		
琼棕	*Chuniophoenix hainanensis*		二级		
矮琼棕	*Chuniophoenix humilis*		二级		
水椰*	*Nypa fruticans*		二级		
小钩叶藤	*Plectocomia microstachys*		二级		
龙棕	*Trachycarpus nanus*		二级		

（续表）

中文名	学名	保护级别		备注	广东省分布情况
香蒲科	**Typhaceae**				
无柱黑三棱*	*Sparganium hyperboreum*		二级	其他常用中文名：北方黑三棱	
禾本科	**Poaceae**				
短芒芨芨草*	*Achnatherum breviaristatum*		二级		
沙芦草	*Agropyron mongolicum*		二级		
三刺草	*Aristida triseta*		二级		
山涧草	*Chikusichloa aquatica*		二级		
流苏香竹	*Chimonocalamus fimbriatus*		二级		
莎禾	*Coleanthus subtilis*		二级		
阿拉善披碱草*	*Elymus alashanicus*		二级		
黑紫披碱草*	*Elymus atratus*		二级		
短柄披碱草*	*Elymus brevipes*		二级		
内蒙披碱草*	*Elymus intramongolicus*		二级		
紫芒披碱草*	*Elymus purpuraristatus*		二级		
新疆披碱草*	*Elymus sinkiangensis*		二级		
无芒披碱草	*Elymus sinosubmuticus*		二级		
毛披碱草	*Elymus villifer*		二级		
铁竹	*Ferrocalamus strictus*	一级			
贡山竹	*Gaoligongshania megalothyrsa*		二级		
内蒙古大麦	*Hordeum innermongolicum*		二级		
纪如竹	*Hsuehochloa calcarea*		二级		

（续表）

中文名	学名	保护级别		备注	广东省分布情况
水禾*	*Hygroryza aristata*		二级		√
青海以礼草	*Kengyilia kokonorica*		二级		
青海固沙草*	*Orinus kokonorica*		二级		
稻属（所有种）*	*Oryza* spp.		二级		√
华山新麦草	*Psathyrostachys huashanica*	一级			
三蕊草	*Sinochasea trigyna*		二级		
拟高粱*	*Sorghum propinquum*		二级		√
箭叶大油芒	*Spodiopogon sagittifolius*		二级		
中华结缕草*	*Zoysia sinica*		二级		√
罂粟科	**Papaveraceae**				
石生黄堇	*Corydalis saxicola*		二级	其他常用中文名：岩黄连	
久治绿绒蒿	*Meconopsis barbiseta*		二级		
红花绿绒蒿	*Meconopsis punicea*		二级		
毛瓣绿绒蒿	*Meconopsis torquata*		二级		
防己科	**Menispermaceae**				
古山龙	*Arcangelisia gusanlung*		二级		
藤枣	*Eleutharrhena macrocarpa*		二级		
小檗科	**Berberidaceae**				
八角莲属（所有种）	*Dysosma* spp.		二级	其他常用中文名：鬼臼属	√
小叶十大功劳	*Mahonia microphylla*		二级		

（续表）

中文名	学名	保护级别		备注	广东省分布情况
靖西十大功劳	*Mahonia subimbricata*		二级		
桃儿七	*Sinopodophyllum hexandrum*		二级		
星叶草科	**Circaeasteraceae**				
独叶草	*Kingdonia uniflora*		二级		
毛茛科	**Ranunculaceae**				
北京水毛茛*	*Batrachium pekinense*		二级		
槭叶铁线莲*	*Clematis acerifolia*		二级	含种下等级	
黄连属（所有种）*	*Coptis* spp.		二级		√
莲科	**Nelumbonaceae**				
莲*	*Nelumbo nucifera*		二级		
昆栏树科	**Trochodendraceae**				
水青树	*Tetracentron sinense*		二级		
芍药科	**Paeoniaceae**				
芍药属牡丹组（所有种，被列入一级保护的卵叶牡丹和紫斑牡丹除外，牡丹未列入名录）*	*Paeonia* sect. *Moutan* spp. (excl. *P. qiui, P. rockii* & *P. suffruticosa*)		二级	牡丹为栽培物种，不列入保护植物	
卵叶牡丹*	*Paeonia qiui*	一级			
紫斑牡丹*	*Paeonia rockii*	一级			
白花芍药*	*Paeonia sterniana*		二级		
阿丁枫科	**Altingiaceae**				
赤水蕈树	*Altingia multinervis*		二级		

（续表）

中文名	学名	保护级别		备注	广东省分布情况
金缕梅科	**Hamamelidaceae**				
山铜材	*Chunia bucklandioides*		二级		
长柄双花木	*Disanthus cercidifolius* subsp. *longipes*		二级		√
四药门花	*Loropetalum subcordatum*		二级		√
银缕梅	*Parrotia subaequalis*	一级			
连香树科	**Cercidiphyllaceae**				
连香树	*Cercidiphyllum japonicum*		二级		
景天科	**Crassulaceae**				
长白红景天	*Rhodiola angusta*		二级		
大花红景天	*Rhodiola crenulata*		二级		
长鞭红景天	*Rhodiola fastigiata*		二级		
喜马红景天	*Rhodiola himalensis*		二级	其他常用中文名：喜马拉雅红景天	
四裂红景天	*Rhodiola quadrifida*		二级		
红景天	*Rhodiola rosea*		二级		
库页红景天	*Rhodiola sachalinensis*		二级		
圣地红景天	*Rhodiola sacra*		二级		
唐古红景天	*Rhodiola tangutica*		二级		
粗茎红景天	*Rhodiola wallichiana*		二级		
云南红景天	*Rhodiola yunnanensis*		二级		
小二仙草科	**Haloragaceae**				
乌苏里狐尾藻*	*Myriophyllum ussuriense*		二级		

（续表）

中文名	学名	保护级别		备注	广东省分布情况
锁阳科	**Cynomoriaceae**				
锁阳*	*Cynomorium songaricum*		二级	其他常用学名：*Cynomorium coccineum* subsp. *songaricum*	
葡萄科	**Vitaceae**				
百花山葡萄	*Vitis baihuashanensis*	一级			
浙江蘡薁	*Vitis zhejiang-adstricta*		二级		
蒺藜科	**Zygophyllaceae**				
四合木	*Tetraena mongolica*		二级		
豆科	**Fabaceae**				
沙冬青	*Ammopiptanthus mongolicus*		二级		
棋子豆	*Archidendron robinsonii*		二级		
紫荆叶羊蹄甲	*Bauhinia cercidifolia*		二级		
丽豆*	*Calophaca sinica*		二级		
黑黄檀	*Dalbergia cultrata*		二级		
海南黄檀	*Dalbergia hainanensis*		二级		
降香	*Dalbergia odorifera*		二级	其他常用中文名：降香黄檀	
卵叶黄檀	*Dalbergia ovata*		二级		
格木	*Erythrophleum fordii*		二级		√
山豆根*	*Euchresta japonica*		二级		√
绒毛皂荚	*Gleditsia japonica* var. *velutina*	一级			

（续表）

中文名	学名	保护级别		备注	广东省分布情况
野大豆*	*Glycine soja*		二级	其他常用学名：*Glycine max* subsp. *soja*	√
烟豆*	*Glycine tabacina*		二级		√
短绒野大豆*	*Glycine tomentella*		二级		√
胀果甘草	*Glycyrrhiza inflata*		二级		
甘草	*Glycyrrhiza uralensis*		二级	其他常用中文名：乌拉尔甘草	
浙江马鞍树	*Maackia chekiangensis*		二级		
红豆属（所有种，被列入一级保护的小叶红豆除外。）	*Ormosia* spp. (excl. *O. microphylla*)		二级		√
小叶红豆	*Ormosia microphylla*	一级			√
冬麻豆属（所有种）	*Salweenia* spp.		二级		
油楠	*Sindora glabra*		二级		
越南槐	*Sophora tonkinensis*		二级	其他常用中文名：广豆根	
海人树科	**Surianaceae**				
海人树	*Suriana maritima*		二级		
蔷薇科	**Rosaceae**				
太行花	*Geum rupestre*		二级	其他常用学名：*Taihangia rupestris*	

（续表）

中文名	学名	保护级别		备注	广东省分布情况
山楂海棠*	*Malus komarovii*		二级		
丽江山荆子*	*Malus rockii*		二级		
新疆野苹果*	*Malus sieversii*		二级		
锡金海棠*	*Malus sikkimensis*		二级		
绵刺*	*Potaninia mongolica*		二级		
新疆野杏*	*Prunus armeniaca*		二级	其他常用学名：*Armeniaca vulgaris*	
新疆樱桃李*	*Prunus cerasifera*		二级	其他常用中文名：樱桃李	
甘肃桃*	*Prunus kansuensis*		二级	其他常用学名：*Amygdalus kansuensis*	
蒙古扁桃*	*Prunus mongolica*		二级	其他常用学名：*Amygdalus mongolica*	
光核桃*	*Prunus mira*		二级	其他常用学名：*Amygdalus mira*	
矮扁桃（野巴旦，野扁桃）*	*Prunus nana*		二级	其他常用学名：*Amygdalus nana*	
政和杏*	*Prunus zhengheensis*		二级	其他常用学名：*Armeniaca zhengheensis*	
银粉蔷薇	*Rosa anemoniflora*		二级		

（续表）

中文名	学名	保护级别		备注	广东省分布情况
小檗叶蔷薇	*Rosa berberifolia*		二级		
单瓣月季花	*Rosa chinensis* var. *spontanea*		二级		
广东蔷薇	*Rosa kwangtungensis*		二级		√
亮叶月季	*Rosa lucidissima*		二级		√
大花香水月季	*Rosa odorata* var. *gigantea*		二级		
中甸刺玫	*Rosa praelucens*		二级		
玫瑰	*Rosa rugosa*		二级		
胡颓子科	**Elaeagnaceae**				
翅果油树	*Elaeagnus mollis*		二级		
鼠李科	**Rhamnaceae**				
小勾儿茶	*Berchemiella wilsonii*		二级		
榆科	**Ulmaceae**				
长序榆	*Ulmus elongata*		二级		
大叶榉树	*Zelkova schneideriana*		二级		√
桑科	**Moraceae**				
南川木波罗	*Artocarpus nanchuanensis*		二级		
奶桑	*Morus macroura*		二级		
川桑*	*Morus notabilis*		二级		
长穗桑*	*Morus wittiorum*		二级		√
荨麻科	**Urticaceae**				
光叶苎麻*	*Boehmeria leiophylla*		二级	Flora of China 将本种处理为腋球苎麻 *Boehmeria glomerulifera*	

（续表）

中文名	学名	保护级别		备注	广东省分布情况
长圆苎麻*	*Boehmeria oblongifolia*		二级	Flora of China 将本种处理为腋球苎麻 *Boehmeria glomerulifera*	
壳斗科	**Fagaceae**				
华南锥	*Castanopsis concinna*		二级	其他常用中文名：华南栲	√
西畴青冈	*Cyclobalanopsis sichourensis*		二级	其他常用学名：*Quercus sichourensis*	
台湾水青冈	*Fagus hayatae*		二级		
三棱栎	*Formanodendron doichangensis*		二级		
霸王栎	*Quercus bawanglingensis*		二级	其他常用中文名：坝王栎	
尖叶栎	*Quercus oxyphylla*		二级		
胡桃科	**Juglandaceae**				
喙核桃	*Annamocarya sinensis*		二级		
贵州山核桃	*Carya kweichowensis*		二级		
桦木科	**Betulaceae**				
普陀鹅耳枥	*Carpinus putoensis*	一级			
天台鹅耳枥	*Carpinus tientaiensis*		二级		
天目铁木	*Ostrya rehderiana*	一级			
葫芦科	**Cucurbitaceae**				

（续表）

中文名	学名	保护级别		备注	广东省分布情况
野黄瓜*	*Cucumis sativus* var. *xishuangbannanensis*		二级		
四数木科	**Tetramelaceae**				
四数木	*Tetrameles nudiflora*		二级		
秋海棠科	**Begoniaceae**				
蛛网脉秋海棠*	*Begonia arachnoidea*		二级		
阳春秋海棠*	*Begonia coptidifolia*		二级		√
黑峰秋海棠*	*Begonia ferox*		二级	其他常用中文名：刺秋海棠	
古林箐秋海棠*	*Begonia gulinqingensis*		二级		
古龙山秋海棠*	*Begonia gulongshanensis*		二级		
海南秋海棠*	*Begonia hainanensis*		二级		
香港秋海棠*	*Begonia hongkongensis*		二级		
卫矛科	**Celastraceae**				
永瓣藤	*Monimopetalum chinense*		二级		
斜翼	*Plagiopteron suaveolens*		二级		
安神木科	**Centroplacaceae**				
膝柄木	*Bhesa robusta*	一级			
金莲木科	**Ochnaceae**				
合柱金莲木	*Sauvagesia rhodoleuca*		二级		√
川苔草科	**Podostemaceae**				
川苔草属（所有种）*	*Cladopus* spp.		二级		√

（续表）

中文名	学名	保护级别		备注	广东省分布情况
川藻属（所有种）*	*Dalzellia* spp.		二级		
水石衣*	*Hydrobryum griffithii*		二级		
藤黄科	**Clusiaceae**				
金丝李	*Garcinia paucinervis*		二级		
双籽藤黄*	*Garcinia tetralata*		二级		
青钟麻科	**Achariaceae**				
海南大风子	*Hydnocarpus hainanensis*		二级		
杨柳科	**Salicaceae**				
额河杨	*Populus* × *irtyschensis*		二级	发表时名称：*Populus* × *jrtyschensis*	
大花草科	**Rafflesiaceae**				
寄生花	*Sapria himalayana*		二级		
大戟科	**Euphorbiaceae**				
东京桐	*Deutzianthus tonkinensis*		二级		
使君子科	**Combretaceae**				
萼翅藤	*Getonia floribunda*	一级			
红榄李*	*Lumnitzera littorea*	一级			
千果榄仁	*Terminalia myriocarpa*		二级		
千屈菜科	**Lythraceae**				
小果紫薇	*Lagerstroemia minuticarpa*		二级		
毛紫薇	*Lagerstroemia villosa*		二级		
水芫花	*Pemphis acidula*		二级		

（续表）

中文名	学名	保护级别		备注	广东省分布情况
细果野菱（野菱）*	*Trapa incisa*		二级		√
野牡丹科	**Melastomataceae**				
虎颜花*	*Tigridiopalma magnifica*		二级		√
漆树科	**Anacardiaceae**				
林生杧果	*Mangifera sylvatica*		二级		
无患子科	**Sapindaceae**				
梓叶槭	*Acer amplum* subsp. *catalpifolium*		二级		
庙台槭	*Acer miaotaiense*		二级	羊角槭并入本种	
五小叶槭	*Acer pentaphyllum*		二级	其他常用中文名：五小叶枫	
漾濞槭	*Acer yangbiense*		二级	其他常用中文名：漾濞枫	
龙眼*	*Dimocarpus longan*		二级		
云南金钱槭	*Dipteronia dyeriana*		二级		
伞花木	*Eurycorymbus cavaleriei*		二级		√
掌叶木	*Handeliodendron bodinieri*		二级		
爪耳木	*Lepisanthes unilocularis*		二级		
野生荔枝*	*Litchi chinensis* var. *euspontanea*		二级	Flora of China 使用名称 *Litchi chinensis*	
韶子*	*Nephelium chryseum*		二级		√

（续表）

中文名	学名	保护级别		备注	广东省分布情况
海南假韶子	*Paranephelium hainanense*		二级		
芸香科	**Rutaceae**				
宜昌橙*	*Citrus cavaleriei*		二级	其他常用学名：*Citrus ichangensis*	
道县野桔*	*Citrus daoxianensis*		二级	Flora of China使用名称：柑橘 *Citrus reticulata*	
红河橙*	*Citrus hongheensis*		二级	Flora of China使用名称：宜昌橙 *Citrus cavaleriei*	
莽山野桔*	*Citrus mangshanensis*		二级	Flora of China使用名称：柑橘 *Citrus reticulata*	
山橘*	*Fortunella hindsii*		二级	Flora of China使用名称：金柑 *Citrus japonica*	√
金豆*	*Fortunella venosa*		二级	Flora of China使用名称：金柑 *Citrus japonica*	
黄檗	*Phellodendron amurense*		二级	其他常用中文名：黄波椤	
川黄檗	*Phellodendron chinense*		二级		

（续表）

中文名	学名	保护级别		备注	广东省分布情况
富民枳*	*Poncirus* × *polyandra*		二级	Flora of China 使用名称 *Citrus* × *polytrifolia*	
楝科	**Meliaceae**				
望谟崖摩	*Aglaia lawii*		二级		
红椿	*Toona ciliata*		二级	毛红椿并入本种	√
木果楝	*Xylocarpus granatum*		二级		
锦葵科	**Malvaceae**				
柄翅果	*Burretiodendron esquirolii*		二级		
滇桐	*Craigia yunnanensis*		二级		
海南椴	*Diplodiscus trichospermus*		二级		
蚬木	*Excentrodendron tonkinense*		二级		
广西火桐	*Erythropsis kwangsiensis*	一级		其他常用学名：*Firmiana kwangsiensis*	
梧桐属（所有种，梧桐除外）	*Firmiana* spp. (excl. *F. simplex*)		二级		√
蝴蝶树	*Heritiera parvifolia*		二级		
平当树	*Paradombeya sinensis*		二级		
景东翅子树	*Pterospermum kingtungense*		二级		
勐仑翅子树	*Pterospermum menglunense*		二级		
粗齿梭罗	*Reevesia rotundifolia*		二级		
紫椴	*Tilia amurensis*		二级		

（续表）

中文名	学名	保护级别		备注	广东省分布情况
瑞香科	**Thymelaeaceae**				
土沉香	*Aquilaria sinensis*		二级		√
云南沉香	*Aquilaria yunnanensis*		二级		
半日花科	**Cistaceae**				
半日花*	*Helianthemum songaricum*		二级		
龙脑香科	**Dipterocarpaceae**				
东京龙脑香	*Dipterocarpus retusus*	一级			
狭叶坡垒	*Hopea chinensis*		二级	多毛坡垒并入本种	
坡垒	*Hopea hainanensis*	一级			
翼坡垒（铁凌）	*Hopea reticulata*		二级		
西藏坡垒	*Hopea shingkeng*		二级		
望天树	*Parashorea chinensis*	一级			
云南娑罗双	*Shorea assamica*	一级			
广西青梅	*Vatica guangxiensis*	一级			
青梅	*Vatica mangachapoi*		二级		
叠珠树科	**Akaniaceae**				
伯乐树（钟萼木）	*Bretschneidera sinensis*		二级		√
铁青树科	**Olacaceae**				
蒜头果	*Malania oleifera*		二级		
瓣鳞花科	**Frankeniaceae**				
瓣鳞花	*Frankenia pulverulenta*		二级		

（续表）

中文名	学名	保护级别		备注	广东省分布情况
柽柳科	**Tamaricaceae**				
疏花水柏枝	*Myricaria laxiflora*		二级		
蓼科	**Polygonaceae**				
金荞麦*	*Fagopyrum dibotrys*		二级	其他常用中文名：金荞	√
茅膏菜科	**Droseraceae**				
貉藻*	*Aldrovanda vesiculosa*	一级			
石竹科	**Caryophyllaceae**				
金铁锁	*Psammosilene tunicoides*		二级		
苋科	**Amaranthaceae**				
苞藜*	*Baolia bracteata*		二级		
阿拉善单刺蓬*	*Cornulaca alaschanica*		二级		
蓝果树科	**Nyssaceae**				
珙桐	*Davidia involucrata*	一级		含种下等级，光叶珙桐并入本种	
云南蓝果树	*Nyssa yunnanensis*	一级			
绣球花科	**Hydrangeaceae**				
黄山梅	*Kirengeshoma palmata*		二级		
蛛网萼	*Platycrater arguta*		二级		
五列木科	**Pentaphylacaceae**				
猪血木	*Euryodendron excelsum*	一级			√
山榄科	**Sapotaceae**				

（续表）

中文名	学名	保护级别		备注	广东省分布情况
滇藏榄	*Diploknema yunnanensis*	一级		其他常用中文名：云南藏榄	
海南紫荆木	*Madhuca hainanensis*		二级		
紫荆木	*Madhuca pasquieri*		二级		√
柿树科	**Ebenaceae**				
小萼柿*	*Diospyros minutisepala*		二级		
川柿*	*Diospyros sutchuensis*		二级		
报春花科	**Primulaceae**				
羽叶点地梅*	*Pomatosace filicula*		二级		
山茶科	**Theaceae**				
圆籽荷	*Apterosperma oblata*		二级		√
杜鹃红山茶	*Camellia azalea*	一级		其他常用中文名：杜鹃叶山茶	√
山茶属金花茶组（所有种）	*Camellia* sect. *Chrysantha* spp.		二级		
山茶属茶组（所有种，大叶茶、大理茶除外）*	*Camellia* sect. *Thea* spp. (excl. *C. sinensis* var. *assamica*, *C. taliensis*)		二级		√
大叶茶	*Camellia sinensis* var. *assamica*		二级	其他常用中文名：普洱茶	√
大理茶	*Camellia taliensis*		二级		
安息香科	**Styracaceae**				
秤锤树属（所有种）	*Sinojackia* spp.		二级		√

（续表）

中文名	学名	保护级别		备注	广东省分布情况
猕猴桃科	**Actinidiaceae**				
软枣猕猴桃*	*Actinidia arguta*		二级		
中华猕猴桃*	*Actinidia chinensis*		二级		√
金花猕猴桃*	*Actinidia chrysantha*		二级		√
条叶猕猴桃*	*Actinidia fortunatii*		二级		√
大籽猕猴桃*	*Actinidia macrosperma*		二级		
杜鹃花科	**Ericaceae**				
兴安杜鹃	*Rhododendron dauricum*		二级		
朱红大杜鹃	*Rhododendron griersonianum*		二级		
华顶杜鹃	*Rhododendron huadingense*		二级		
井冈山杜鹃	*Rhododendron jingangshanicum*		二级		
江西杜鹃	*Rhododendron kiangsiense*		二级		
尾叶杜鹃	*Rhododendron urophyllum*		二级		
圆叶杜鹃	*Rhododendron williamsianum*		二级		
茜草科	**Rubiaceae**				
绣球茜	*Dunnia sinensis*		二级		√
香果树	*Emmenopterys henryi*		二级		√
巴戟天	*Morinda officinalis*		二级		√
滇南新乌檀	*Neonauclea tsaiana*		二级		
龙胆科	**Gentianaceae**				
辐花	*Lomatogoniopsis alpina*		二级		
夹竹桃科	**Apocynaceae**				
驼峰藤	*Merrillanthus hainanensis*		二级		√

（续表）

中文名	学名	保护级别		备注	广东省分布情况
富宁藤	*Parepigynum funingense*		二级		
紫草科	**Boraginaceae**				
新疆紫草*	*Arnebia euchroma*		二级	其他常用中文名：软紫草	
橙花破布木	*Cordia subcordata*		二级		
茄科	**Solanaceae**				
黑果枸杞*	*Lycium ruthenicum*		二级		
云南枸杞*	*Lycium yunnanense*		二级		
木犀科	**Oleaceae**				
水曲柳	*Fraxinus mandschurica*		二级	其他常用学名：*Fraxinus mandshurica*	
天山梣	*Fraxinus sogdiana*		二级		
毛柄木犀	*Osmanthus pubipedicellatus*		二级		√
毛木犀	*Osmanthus venosus*		二级		
苦苣苔科	**Gesneriaceae**				
瑶山苣苔	*Dayaoshania cotinifolia*		二级		
秦岭石蝴蝶	*Petrocosmea qinlingensis*		二级		
报春苣苔	*Primulina tabacum*		二级		√
辐花苣苔	*Thamnocharis esquirolii*	一级			
车前科	**Plantaginaceae**				
胡黄连	*Neopicrorhiza scrophulariiflora*		二级		
丰都车前*	*Plantago fengdouensis*		二级		
玄参科	**Scrophulariaceae**				

（续表）

中文名	学名	保护级别		备注	广东省分布情况
长柱玄参*	*Scrophularia stylosa*		二级		
狸藻科	**Lentibulariaceae**				
盾鳞狸藻*	*Utricularia punctata*		二级		
唇形科	**Lamiaceae**				
苦梓	*Gmelina hainanensis*		二级	其他常用中文名：海南石梓	√
保亭花	*Wenchengia alternifolia*		二级		
列当科	**Orobanchaceae**				
草苁蓉*	*Boschniakia rossica*		二级		
肉苁蓉*	*Cistanche deserticola*		二级		
管花肉苁蓉*	*Cistanche mongolica*		二级	其他常用学名：*Cistanche tubulosa*	
崖白菜	*Triaenophora rupestris*		二级	其他常用中文名：呆白菜	
冬青科	**Aquifoliaceae**				
扣树	*Ilex kaushue*		二级		√
桔梗科	**Campanulaceae**				
刺萼参*	*Echinocodon draco*		二级		
菊科	**Asteraceae**				
白菊木	*Leucomeris decora*		二级		
巴朗山雪莲	*Saussurea balangshanensis*		二级		
雪兔子	*Saussurea gossipiphora*		二级		

（续表）

中文名	学名	保护级别		备注	广东省分布情况
雪莲	*Saussurea involucrata*		二级	其他常用中文名：雪莲花	
绵头雪兔子	*Saussurea laniceps*		二级		
水母雪兔子	*Saussurea medusa*		二级		
阿尔泰雪莲	*Saussurea orgaadayi*		二级		
革苞菊	*Tugarinovia mongolica*		二级		
忍冬科	**Caprifoliaceae**				
七子花	*Heptacodium miconioides*		二级		
丁香叶忍冬	*Lonicera oblata*		二级		
匙叶甘松	*Nardostachys jatamansi*		二级	其他常用中文名：甘松；其他常用学名：*Nardostachys chinensis*, *N. grandiflora*	
五加科	**Araliaceae**				
人参属（所有种）*	*Panax* spp.		二级		
华参*	*Sinopanax formosanus*		二级		
伞形科	**Apiaceae**				
山茴香*	*Carlesia sinensis*		二级		
明党参*	*Changium smyrnioides*		二级		
川明参*	*Chuanminshen violaceum*		二级		
阜康阿魏*	*Ferula fukanensis*		二级		

（续表）

中文名	学名	保护级别		备注	广东省分布情况
麝香阿魏*	*Ferula moschata*		二级		
新疆阿魏*	*Ferula sinkiangensis*		二级		
珊瑚菜（北沙参）*	*Glehnia littoralis*		二级		√
藻类 Algae					
马尾藻科	**Sargassaceae**				
硇洲马尾藻*	*Sargassum naozhouense*		二级		√
黑叶马尾藻*	*Sargassum nigrifolioides*		二级		
墨角藻科	**Fucaceae**				
鹿角菜*	*Silvetia siliquosa*		二级		
红翎菜科	**Solieriaceae**				
珍珠麒麟菜*	*Eucheuma okamurai*	一级			
耳突卡帕藻*	*Kappaphycus cottonii*		二级		
念珠藻科	**Nostocaceae**				
发菜	*Nostoc flagelliforme*	一级			
真菌 Eumycophyta					
线虫草科	**Ophiocordycipitaceae**				
虫草（冬虫夏草）	*Ophiocordyceps sinensis*		二级		
口蘑科（白蘑科）	**Tricholomataceae**				
蒙古口蘑*	*Leucocalocybe mongolica*		二级		
松口蘑（松茸）*	*Tricholoma matsutake*		二级		
块菌科	**Tuberaceae**				

（续表）

中文名	学名	保护级别		备注	广东省分布情况
中华夏块菌*	*Tuber sinoaestivum*		二级		

注：1. 标*者归农业农村主管部门分工管理，其余归林业和草原主管部门分工管理。

2. 本《名录》以《中国生物物种名录（植物卷）》为物种名称的主要参考文献，同时参考目前的分类学和系统学研究成果。

3. Flora of China 指《中国植物志（英文版）》。

4. 本《名录》所保护的对象仅指《中华人民共和国野生植物保护条例》定义的野生植物。

5. “广东省分布情况”一栏为编者所加。

中文名索引

学名索引

O

P

图片摄影作者

深圳兰科中心供图：
杜鹃兰
蕙兰
毛唇独蒜兰

黄萧洒供图：
南方红豆杉
紫纹兜兰
猪血木
仙湖苏铁
昆明石杉
长柄石杉
华南马尾杉
黑桫椤
苏铁蕨
桫椤
江南油杉
罗汉松
短叶罗汉松
百日青
福建柏
穗花杉
篦子三尖杉
卵叶桂
金耳环
厚叶木莲
四药门花
凹叶红豆
锈枝红豆
光叶红豆
花榈木
韧荚红豆
紫花红豆
软荚红豆
木荚红豆
格木
华南锥
合柱金莲木
土沉香
伯乐树
紫荆木
圆籽荷
驼峰藤
绣球茜
苦梓

邹滨供图：
春兰
多花兰
独蒜兰
八角莲
狭果秤锤树
闽楠
普洱茶

邹滨　黄萧洒供图：
丹霞梧桐
（果实为黄萧洒，花为邹滨）
伞花木
红椿

李远球供图：
广东含笑
华南五针松

喻勋林供图：
长柄双花木
报春苣苔
丹霞兰
陈氏独蒜兰

查钱慧供图：
胀荚红豆

徐晔春供图：
巴戟天（全株和果实）

曾佑派供图：
巴戟天（花序）
圆籽荷（果实）
扣树

黄向旭供图：
海南粗榧

张力供图：
桧叶白发藓

郑锡荣供图：
小叶独蒜兰